Lynn Smith

Mentoring für Frauen

Lynn Smith

Mentoring für Frauen

*Wie Frauen Frauen fördern,
stärken, unterstützen*

BRUNNEN
VERLAG GIESSEN·BASEL

Band 13 der Edition AcF
Die Edition AcF wird herausgegeben
von der Akademie für christliche Führungskräfte,
Furtwänglerstr. 10, 51643 Gummersbach.
www.acf.de

© 2007 Brunnen Verlag Gießen
www.brunnen-verlag.de
Übersetzung: Evelyn Reuter
Lektorat: Petra Hahn-Lütjen
Umschlagfoto: Getty Images, München
Umschlaggestaltung: Ralf Simon
Satz: DTP Brunnen
Druck und Bindung: St.-Johannis-Druckerei, Lahr
ISBN 978-3-7655-1393-0

Inhalt

Für all die großartigen Frauen in Deutschland,
die mich als ihre Schwester in Christus aufgenommen haben
und in deren Leben Gott auf wunderbare Weise wirkt.

Zum Geleit

Sie halten ein Buch in der Hand, in dem es um die Substanz des Lebens überhaupt geht: um Charakterentwicklung, um persönliches und geistliches Wachstum.

Mentoring – ein moderner Begriff und doch ein uraltes, grundlegendes Handlungsmuster für eben solches Wachstum. Frauen (und nicht nur sie) sind aufgerufen, eine zielorientierte Beziehung zu gestalten, um ihren individuellen Reifeprozess voranzutreiben".

Sie werden schon beim Lesen des Buches spüren, wie Sie bereichert werden an Selbsterkenntnis, Klarheit und Selbstbewusstsein. Sie werden von tiefen, einfühlsamen Gedanken angezogen und von klar strukturierten Prozessschritten zu strategischem Planen angeregt.

Ob Sie sich gerade als Gebende oder Nehmende sehen, Sie entdecken den hohen Anspruch an den Mentoring-Prozess und den sinnstiftenden Wert, den Sie dadurch erleben können.

Die gut ausgewählten Checklisten für die praktische Umsetzung geben Sicherheit für die anstehenden Schritte.

Jesus Christus hat uns als Schöpfer reich begabt, hat Menschen in seiner Nähe als Mentor ermutigt und ermahnt und befähigt uns heute durch seinen Geist, füreinander wertvoll zu sein. Er hat ein Ziel mit jeder von uns und will, dass wir daran mitarbeiten. Also, lassen wir unser Potenzial nicht brachliegen!

Ulrike Jooß
1. Vorsitzende „Christen in der Wirtschaft", im Sommer 2006
www.profilgewinnen.de

Vorwort

Nach einer Tagung von *Prisca* (Jahreskonferenz des *rmj* für Leiterinnen und Mitarbeiterinnen in christlichen Werken und Gemeinden) zum Thema Mentoring fragten mich die Verantwortlichen der Veranstaltung, ob ich mein Lehrmaterial nicht als Buch veröffentlichen wollte. Würde ich mich als Autorin betrachten, hätte ich die Gelegenheit sicher gleich beim Schopf ergriffen. Stattdessen antwortete ich, ich müsste zunächst zwei Dinge tun: erstens, die Genehmigung der Autorin einholen, deren Material ich als Grundlage für meine Vorträge benutzte, und zweitens, darüber beten. Das klang sehr geistlich, war aber in Wirklichkeit der Versuch, mich möglichst elegant aus der Affäre zu ziehen. Am liebsten hätte ich gesagt: „Nein, das ist von Gott her für mich nicht dran", doch es wäre anmaßend gewesen, dies zu behaupten, ohne Gott wenigstens gefragt zu haben. Ich hatte wenig Lust, ein Buch zu schreiben, und sei es noch so dünn. Ich sehe mich zuallererst als „Dozierende", nicht als Schreibende. Eine Autorin muss meiner Meinung nach in der Lage sein, neue Gedanken und Ideen zu produzieren. Als Dozentin trage ich lediglich Informationen aus verschiedenen Quellen zusammen, filtere sie und bringe sie in eine allgemein verständliche Form, damit andere sie nutzen können. Die Grundlage meiner Vorträge zum Thema Mentoring bilden die *Stages of Power* („Stadien der Kompetenz"), wie sie von Janet Hagberg in ihrem Buch *Real Power* dargestellt sind. Sie ist eine „echte" Autorin.

Ich brachte also die Sache vor Gott. Schließlich hatte ich versprochen, darüber zu beten. Danach erhielt ich innerhalb einer Woche drei besondere Telefonanrufe. Der erste war eine Anfrage der Hochschule, an der ich unterrichtet hatte, eine Vorlesung zum Thema Führungskompetenz und Verantwortung zu halten. Gegenstand der Vorlesung? Mentoring. Am nächsten Tag trug man mir an, als Mentorin für das *Executive Arrow Leadership*-Programm zu fungieren, das Führungskräfte im christlichen Bereich unterstützt. Zwei Tage später bat man mich, bei einer Arbeitsgruppe mitzuwirken, die eine Mentoring Schulung für neue Pastoren in unserer Gemeinde ins Leben gerufen hatte. Ich konnte nur noch sagen: „Okay, okay, Gott, ich hab's kapiert! Ich rufe Janet Hagberg an." Insgeheim hoffte ich, sie entweder überreden zu können, das Buch selbst zu schreiben, oder, wenn das nicht klappte, dass ihre Urheberrechte es mir verbieten würden, ihr Material zu verwenden. Doch dann stellte ich mit freudiger Überraschung fest: Diese Frau, von der das Buch stammt, das die Grundlage meiner Mentoring-Kenntnisse bildet, ist selbst mit Leib und Seele Mentorin – und lässt andere teilhaben an ihrem Wissen und ihrem Einfluss und setzt damit ein Zeichen für nachfolgende Generationen.

Ihre Reaktion war ein begeistertes: „Aber ja – natürlich können Sie meine Unterlagen verwenden! Ich freue mich, dass Sie das Thema Mentoring so praktisch umsetzen. Verweisen Sie doch bitte auch auf meine Bücher und meine Website. Was kann ich für Sie tun?"

Ein ganzes Jahr lang machte ich regen Gebrauch von ihrer Webseite und von ihren Kontakten. Sie wiederum betete für mich, rief mich regelmäßig an und las mein Manuskript, um sicherzustellen, dass ihre Inhalte richtig wiedergegeben wurden.

Und ich wusste: Hier ist eine Frau, die den Mentoring-Ansatz, der meiner eigenen Vision für Mentoring entspricht – andere zu bevollmächtigen und zur Selbstständigkeit zu befähigen – authentisch vorlebt. Es war wunderbar. Ich folgte also dem Ruf Gottes, und dank Janets Ermutigung begann dieses Buch Gestalt anzunehmen. Die nächste Überraschung war, dass sich das Schreiben schwieriger gestaltete, als ich erwartet hatte. Schon bald wurde mir klar, was Schreiben vom Vortragen unterscheidet, und welch deutlicher Vorteil es ist, seine Zielgruppe vor sich zu haben: Bei einer Konferenz sitzen mir meine Zuhörer gegenüber. Ich kann ihre Gesichter sehen, ihre Körpersprache lesen. Ich weiß, wann ich etwas deutlicher erklären muss, ich kann Beispiele aus dem täglichen Leben einflechten, den Tonfall meiner Stimme ändern und Gestik und Mimik einsetzen. Anhand von Fragen aus dem Publikum weiß ich, wo die Schwierigkeiten liegen und worauf ich genauer eingehen muss. Hier jedoch, in diesem Buch, gebe ich Informationen weiter, ohne zu wissen, wer meine Leser sind. Mir fehlen das Gegenüber und die direkte Kommunikation. Ich weiß nicht, an welcher Stelle ich mich unklar ausgedrückt habe oder wo ich auf einem Thema herumgeritten bin, das für den Leser nichts Neues ist. Ich vermisse das Feedback, das mir sagt, ob meine Zuhörer mir folgen konnten und ob ich den richtigen Ton getroffen habe. Trotzdem habe ich das Buch zu Ende geschrieben, denn ich halte es für unsere Aufgabe, unsere Gemeinden und Glaubensgemeinschaften zu stärken und sie zu einem Schutzraum zu machen, in dem Wachstum geschehen kann.

Ich sehe Mentoring als die Vorgehensweise, in der sämtliche Richtlinien enthalten sind, die bereits den Urgemeinden gegeben waren, damit ihre Mitglieder zu reifen Christen werden konnten. Zudem bin ich überzeugt, dass die Nachfolger Christi ihren Einfluss stärker geltend machen sollten, sei es am Arbeitsplatz oder in der Politik und Wirtschaft – überall, wo sie Salz und Licht sein können.

Ich habe dieses Buch so gegliedert, dass es die Was-, Warum-, Wer-, Wie- und Wann-Fragen des Mentoring beantworten kann. Kapitel 1 stellt verschiedene Arten des Mentoring vor; Kapitel 2 befasst sich mit der Frage, warum wir Mentoring brauchen; Kapitel 3 gibt Aufschluss über die notwendigen Eigenschaften einer Mentorin und worauf Sie achten sollten, wenn Sie eine Mentorin suchen; Kapitel 4 zeigt, wie wir Vertrauen in unsere eigene Kompetenz und die Fähigkeit, eine gute Mentorin zu sein, entwickeln können; Kapitel 5 will Mut machen, das Gelernte praktisch umzusetzen. Obwohl der Begriff „Mentoring" in der Bibel nicht direkt verwendet wird, ist offensichtlich, dass Jesus für seine Jünger die Rolle eines Mentors einnahm. Deshalb möchte ich im letzten Kapitel auf die Vorbildfunktion Jesu eingehen, nicht im Hinblick auf seine Lehrmethoden, sondern auf die grundsätzlichen Werte, die das Fundament seines Wirkens und Lehrens bilden.

Die Gründe, weshalb Sie zu diesem Buch gegriffen haben, mögen ganz unterschiedlich sein:

- Sie sind bereits als Mentorin aktiv und möchten Ihren Dienst effektiver gestalten.
- Sie sind auf der Suche nach einer passenden Mentorin.
- Sie sind bereit, Ihre Gaben und Ihre Zeit als Mentorin einzusetzen, und suchen jemanden, eine Mentee, die Sie begleiten können.
- Sie fragen sich, ob in Ihrem Leben ein Reifeprozess stattfindet und woran Sie das erkennen können.
- Sie sind einfach neugierig und wollen wissen, worum es beim Mentoring überhaupt geht.

Ich bin sicher, Sie werden sich zu eigen machen, was Sie gebrauchen können und die Passagen überfliegen, die Ihnen nichts Neues vermitteln. Und wenn Ihnen während des Lesens deutlich wird, dass Sie entweder selbst Mentorin sein können oder sich eine Mentorin suchen sollten, dann hat dieses Buch seinen Zweck erfüllt.

Ein kurzes Wort zum Schluss: Die Verantwortlichen von *Prisca* wünschten sich ein praktisches Handbuch für Frauen, mit Quellen und Anleitungen, die inspirieren sollen, ein Leben lang Neues zu entdecken und sich selbst als Mentorinnen auszuprobieren. Ich spreche daher in diesem Buch vorwiegend von Mentor*innen* und möchte insbesondere auf die weiblichen Stärken und Gaben eingehen. Dennoch glaube ich, dass auch Männer von der Lektüre dieses Buches profitieren können. In einer Welt, in der Männer und Frauen zunehmend Seite an Seite arbeiten – sowohl im Beruf als auch in der Gemeinde –, sind Männer heutzutage vielfach verunsichert, was ihre Rolle als Mentoren angeht. Gerade deshalb werden vielleicht auch sie dieses Buch hilfreich finden. In der Einleitung werde ich noch darauf zu sprechen kommen, dass auf meinem Lebensweg hauptsächlich Männer die entscheidenden „Türöffner" waren und somit einen bedeutenden Einfluss auf meine Entwicklung hatten.

Marilyn „Lynn" B. Smith, im Sommer 2006

Veränderungen passieren von selbst – Wachstum geschieht aus einer bewussten Haltung heraus

Aktuelle Marktstudien zeigen, dass Mentoring die beste Grundlage für eine erfolgreiche Karriere bildet, nach dem Motto: „Hinter jeder guten Führungspersönlichkeit steht ein guter Mentor." In Wirklichkeit sind es meistens *mehrere* gute Mentoren. Gute Mentorinnen und Mentoren stehen uns zur Seite und unterstützen uns in unserem Wachstumsprozess. Sie helfen uns, die Fähigkeiten und Charaktereigenschaften zu entwickeln, die wir brauchen, um zu den reifen Persönlichkeiten zu werden, die wir in Gottes Augen sein sollen. Die meisten von uns hatten wahrscheinlich keine „offiziellen" Mentorinnen oder Mentoren. Doch wenn wir zurückblicken, stellen wir fest, wie viele verschiedene Menschen uns auf die verschiedenste Art beeinflusst haben. So war es zumindest in meinem Fall.

Wie das Foto dieser Frau, so spiegeln unsere Gesichter die unzähligen Gesichter wider, die uns im Laufe der Jahre begegnet sind. Menschen, die uns kritisiert haben, aber auch Mentoren, die uns in unserer Entwicklung förderten, auch wenn sie sich damals ihres Einflusses nur teilweise bewusst waren. In meinem eigenen Leben sind es Gesichter von Frauen und Männer gleichermaßen, zu zahlreich, um sie alle zu nennen. Einige von ihnen nehmen einen besonderen Platz in meinem Leben ein, wie zum Beispiel meine Mutter. Meine Mutter war auf dem Land aufgewachsen und beschloss, später nie einen Bauern zu heiraten, denn sie hatte gesehen, wie hart und beschwerlich das Leben auf dem Hof sein konnte.

Stattdessen heiratete sie meinen Vater, einen Bankangestellten. Meine Eltern führten ein gutes Leben – so lange, bis die Weltwirtschaftskrise sie zwang, aufs Land zurückzukehren, um genug zu essen zu haben. Sie verbrachten lange, harte Winter in einem kleinen, alten Bauernhaus, in dem der Wind durch alle Ritzen pfiff. Ich wurde im Mai geboren, als die Blumen zu blühen anfingen und die Natur zu neuem Leben erwachte. Meine Mutter erzählte mir später, dass meine Geburt für sie so etwas wie ein Versprechen des Frühlings war, und sie sei fest entschlossen gewesen, dafür zu sorgen, dass ich es einmal besser haben würde.

Und das tat sie auch. Ich hatte ein herrliches Leben – reich und erfüllt. Nicht so sehr, was materielle Dinge angeht, doch es mangelte nie an Abenteuern und Gelegenheiten, Neues zu entdecken. Als ich elf Jahre alt war, waren wir bereits dreizehn Mal umgezogen, denn meine Eltern mussten flexibel sein und dorthin gehen, wo es Arbeit gab. Ich wusste nicht, dass wir arm waren. Ich hatte eine Familie. Und jeder neue Umzug war ein Abenteuer.

Diese Kindheitserfahrungen beeinflussten meine gesamte Lebenseinstellung. Immer wieder stellte ich fest, wie Gott Tür um Tür auftat und mich dabei reich segnete. Oft ergaben sich unverhofft neue Möglichkeiten und Gelegenheiten, ohne dass ich darauf hingearbeitet hatte. Und ich ergriff sie dankbar beim Schopfe.

Eine gute Beziehung zu einem Erwachsenen, der es fördernd begleitet, ist für ein Kind der Schlüssel zum Erfolg im späteren Leben. Dies traf für mich zu. Meine Mutter hat mir stets vermittelt, dass Neugier und Wissensdurst gute Eigenschaften sind. Sie weckte meine Liebe zu Büchern und hielt mich zum Lesen an. In meinem ersten Schuljahr unterrichtete sie mich zu Hause und beschenkte mich mit der Erfahrung, dass Schule Spaß machen kann. Sie vermittelte mir, dass nichts zu schwer ist, um es auszuprobieren, und dass es sich lohnt, dafür auch Risiken einzugehen.

Während meiner gesamten Schullaufbahn hatte ich immer wieder Lehrer, die mir das Gefühl gaben, dass ich etwas leisten konnte. Es war eine Lehrerin, die mich für meinen ersten Job bei einem Radiosender empfahl. Als ich mich ein Jahr später entschloss, die pädagogische Hochschule zu besuchen, lieh mir ein Lehrer das Geld für die Studiengebühr.

Eine Literaturprofessorin an der Universität betraute mich mit der Aufgabe, Essays zu korrigieren, was mir Einblicke in eine ganz neue Welt erschloss.

Als mich ein Mann aus unserer Gemeinde fragte, ob ich mir vorstellen könnte, einen Handglockenchor zu leiten, machte ich mich zum ersten Mal auf die Suche nach einem Mentor. Ich fragte den Dirigenten eines anderen Handglockenchores, ob ich bei den Proben dabei sein dürfte,

> *Eine gute Beziehung zu einem Erwachsenen, der es fördernd begleitet, ist für ein Kind der Schlüssel zum Erfolg im späteren Leben.*
> Fortune Magazine

und er war gern bereit, mir alles beizubringen, was ich lernen konnte. Es war wiederum ein Mann, der mir vorschlug, Religionsunterricht zu geben, was mich auf den Gedanken brachte, Theologie zu studieren.

Ebenso war es ein Mann, der mich an der Theologischen Hochschule als seine Assistentin beschäftigte, was dazu führte, dass ich dort später Leiterin für studentische Angelegenheiten und stellvertretende Leiterin der Studienberatung wurde. Wieder war es ein Mann, der mich einlud, an der *World Evangelical Fellowship*-Konferenz in Manila teilzunehmen, bei der ich wertvolle Kontakte zu Frauen aus aller Welt knüpfen konnte, die mein Leben unendlich bereichert haben. Männer waren eindeutig meine „Türöffner". Doch was Mentoring betrifft – die Lernprozesse und das daraus resultierende Wachstum –, so waren es meistens Frauen, die diese Aufgabe übernahmen. Die Männer öffneten mir die Türen, und ich ging hindurch, oft ohne wirklich zu wissen, was ich tat. Doch danach war ich auf mich allein gestellt.

Zum Glück hatte mich meine Mutter schon früh gelehrt, Fragen zu stellen, wenn ich etwas nicht verstand. Bücher waren meine Quelle, um Informationen zu sammeln. Durch meine Gabe der Lehre war ich später in der Lage, diese Informationen für mich und für andere in eine verständliche Form zu bringen. Doch es war stets im Rahmen meiner Beziehungen zu anderen Frauen, dass ich das Gelernte verarbeiten und anwenden konnte.

So traf ich mich drei Jahre lang einmal in der Woche mit sieben anderen Frauen zum gemeinsamen Durcharbeiten von Büchern, gegenseitigen Austausch und zum Gebet. Während unsere Kinder in der Schule waren, telefonierte ich regelmäßig mit einer Freundin, die in einer anderen Stadt wohnte. Gewöhnlich diskutierten wir über Bibeltexte, die wir gelesen hatten, und über ihre Bedeutung für unser tägliches Leben.

Heute habe ich eine Freundin, die ich nur selten sehe, doch wir beten gemeinsam am Telefon, und unsere Gespräche sind immer sehr bereichernd. Ich fühle mich reich beschenkt, sie als geistliches Vorbild zu haben. Es gab in meinem Leben nur wenige Menschen, die mich „offiziell" unter ihre Fittiche nahmen. Doch es waren immer wieder Gespräche mit anderen Frauen – unter vier Augen oder in der Gruppe –, durch die ich Kraft schöpfte und Selbstvertrauen, neue Erkenntnisse und Weisheit geschenkt bekam. Hier fand ich einen Schutzraum, wo ich ich selbst sein, meine Gaben entwickeln und geistlich wachsen konnte.

Da Bücher für mein persönliches Wachstum schon immer wichtig waren, möchte ich auch zahlreiche Autoren in die Liste meiner Mentoren einreihen.

Viele von uns machen regen Gebrauch von öffentlichen Bibliotheken; ich dagegen muss die Bücher kaufen, denn ich liebe es, zu unterstreichen, mit Textmarker hervorzuheben und Notizen an den Rand zu schreiben. Nehme ich später die Lektüre wieder zur Hand, kann ich rasch wiederfinden, was ich mir merken wollte. Bücher gehören für mich zur Arbeitsausstattung.

Jede gute Gelegenheit birgt auch das Risiko, auf die Nase zu fallen oder Fehler zu machen. Bei negativen Erfahrungen, die wir gern als Versagen bezeichnen, dürfen wir nicht vergessen, dass es kein „Versagen" oder „Scheitern" in dem Sinne gibt – nur Chancen, uns weiterzuentwickeln. Versagen ist es erst dann, wenn wir nichts aus unseren Fehlern gelernt haben, wenn wir nach einem Sturz nicht wieder aufstehen.

Kinder sind hervorragende Beispiele für das Lernen neuer Fertigkeiten. Ich habe noch lebhaft in Erinnerung, wie mein älterer Sohn Laufen lernte. Wir feierten seinen ersten Geburtstag. Drinnen im Haus krabbelte er fröhlich umher. Später gingen wir in den Garten hinaus. Es war Juli und ziemlich heiß, und er hatte nur eine Windel an. Das Gras kitzelte ihn, und so stand er plötzlich auf, machte ein paar unsichere Schritte, fiel hin, stand wieder auf, machte die nächsten Schritte, fiel hin, stand auf … und so weiter, insgesamt bestimmt ein Dutzend Mal. Fasziniert sahen wir ihm zu. Niemand lachte, wenn er fiel – doch alle klatschten und jubelten, wenn er wieder aufstand. Das Fallen gehörte dazu – ein ganz normaler Bestandteil des Lernprozesses. Und sein Drang zum Laufen war stark genug, um ihn immer wieder aufstehen zu lassen.

Sollte es nicht bei allem im Leben so sein? Es wird Zeit, dass wir das Fallen als natürlichen Bestandteil von Lern- und Reifeprozessen begreifen und Beifall klatschen, wenn der Gestürzte wieder aufsteht.

Leider ist unsere Welt oft voller Kritiker, wenn wir „Cheerleader" gebrauchen könnten, die uns anfeuern und zujubeln.

Ein junger Pastor, der spürte, dass ihm die alteingesessenen Pastoren nur widerstrebend die Verantwortung übertragen wollten, stand bei einer Konferenz auf und sagte: „Sie haben recht. Ich entspreche Ihren Erwartungen nicht. Ich brauche Zeit und Freiraum für meine eigene Entwicklung. Aber es hilft mir nicht, von Ihnen zu hören, wie wenig ich Ihren Ansprüchen gerecht werde. Ich brauche Sie nicht als Kritiker, ich brauche Sie als meine Mentoren!"[1]

Daraufhin wurde es sehr still im Saal, und am Ende der Veranstaltung drängten sich über sechzig Pastoren um ihn, die mit ihm sprechen, beten und ihn um Vergebung bitten wollten.

Sind wir nicht alle schon in einer ähnlichen Situation gewesen? Zu wissen, dass wir den allgemeinen Erwartungen nicht genügen, und Kritik ernteten, wenn wir Hilfe gebraucht hätten? Wir brauchen keine Kritiker – wir brauchen Mentoren.

Die Bibel ist voll wunderbarer Beispiele, wie wir als Nachfolger Christi handeln und leben sollen. Das anschaulichste ist der Vergleich mit dem menschlichen Körper – einem lebenden, wachsenden Organismus, bei dem jedes einzelne Glied notwendig ist, damit der ganze Leib richtig funktionieren kann.

Heutzutage wissen die meisten Menschen nicht, wie es ist, in enger Gemeinschaft mit anderen zu leben, so wie es damals zur Zeit Jesu üblich war. Seine Zeitgenossen konnten das Gleichnis vom Leib und seinen Gliedern noch ganz anders nachvollziehen.

Früher, als noch Großfamilien mit mehreren Generationen unter einem Dach wohnten, gaben die Älteren ihr Wissen an die Jüngeren weiter. Mentoring war ein natürlicher Bestandteil des Familienlebens und der Berufsausbildung. Kinder arbeiteten Seite an Seite mit ihren Eltern und lernten, welche Aufgaben sie hatten und welches Verhalten von ihnen erwartet wurde. In den Handwerkszünften wohnten die Lehrlinge bei ihrem Meister und waren ein Teil der Gemeinschaft. Auf diese Weise lernten sie nicht nur das Handwerk, sondern auch die bestimmte Lebensart, die dazu gehörte.

In unserem westlichen Kulturkreis leben heute viele Familien in der Stadt oder in städtischen Randgebieten, was oftmals zu einer Isolierung der Generationen führt. Die durch Lebenserfahrung gewonnene Weisheit geht häufig verloren. Großeltern haben weniger Kontakt zu ihren Enkelkindern und scheuen sich im Allgemeinen – wenn sie nicht ausdrücklich darum gebeten werden – bei deren Erziehung eine aktive Rolle einzunehmen. Hinzu kommt die Verschiebung der Werte – vom Leben in der Gemeinschaft zum Individualismus –, sodass der Grundgedanke des Mentoring mehr und mehr verloren ging.

Folglich besteht hier ein Defizit – ein Defizit, das uns heute bewusst ist. Frauen und Männer spüren gleichermaßen, dass sie den Anforderungen des Lebens oft allein gegenüberstehen und in Glaubensfragen oder in der Arbeitswelt keine entsprechende Begleitung oder Unterstützung erfahren. Als Folge davon sind Mentoring oder Coaching auf einmal wieder sehr aktuell.

Auch wenn es meine Erfahrung ist, dass Mentoring zu einem Großteil „inoffiziell" stattfindet, nämlich in unseren täglichen Interaktionen mit anderen, möchte ich meinen Leserinnen in diesem Buch Mut machen, Mentoring bewusst zu suchen und zu einer Lebenseinstellung zu machen. Die menschliche Natur fordert, dass wir unserem Körper wichtige Nährstoffe zuführen, damit er gesund bleibt. Dasselbe gilt für den Leib Christi. Wenn wir als Glaubensgemeinschaft gesund und funktionsfähig bleiben wollen, um den Auftrag Jesu in der Welt zu erfüllen, dürfen wir nicht vergessen, uns gegenseitig mit Nahrung zu versorgen. Es ist nicht genug, regelmäßig zu beten und in der Bibel zu lesen, uns mit anderen Christen zu treffen und sonntags gemeinsam im Gottesdienst zu sitzen. Stattdessen geht es darum, ehrliche, tiefe Kontakte zu knüpfen und zu pflegen, damit wir uns auf einer Ebene begegnen können, die es uns ermöglicht, positiv aufeinander einzuwirken. Es ist unsere Aufgabe, einander zu stärken und zu ermutigen, bis wir in Christus unsere geistliche Reife gefunden haben – dies ist der biblische Auftrag.

Mentoring ist der Weg dazu. Diesen Weg bewusst zu gehen, wird uns Wachstum erleben lassen.

Was ist Mentoring?

Definition

Der Begriff *Mentor* stammt aus der griechischen Mythologie und geht zurück auf die Werke Homers vor beinahe 3000 Jahren. Mentor war der „weise und zuverlässige Berater", dem Odysseus die Verantwortung für sein Haus übertrug, als er in den Krieg zog. Mentor war auch der Lehrer von Odysseus' Sohn Telemach.

(Zitat aus: „Projekt Gutenberg-DE, SPIEGEL online; in der Übersetzung von Johann Heinrich Voß, Zugriff vom 11.09. 2006. http://gutenberg.spiegel.de/homer/odyssee/odyss022.html)

Ein Mentor war „jemand, der mit dem Posten eines Lehrers oder Privatlehrers betraut war". Der Webster's Dictionary definiert „Mentor" als: „Ein weiser und zuverlässiger Lehrer und Berater".

Innerhalb eines Unternehmens oder im akademischen Bereich beschreibt Mentoring den Prozess, bei dem eine erfahrene Person einer weniger erfahrenen ihren Rat, ihre Unterstützung und Förderung anbietet. In geistlicher Hinsicht ist Mentoring eine Beziehung, bei der eine Person eine andere befähigt, die Gnade Gottes in ihrem Leben und Dienst zur vollen Entfaltung zu

> *Jetzo erhub sich
> Mentor, ein alter
> Freund des tadellosen
> Odysseus,
> dem er, von Ithaka
> schiffend, des Hauses
> Sorge vertraut,
> dass er dem Greise
> gehorcht', und alles
> in Ordnung erhielte.
> Odyssee 2.225*

bringen. Mit Jesus als *dem* Vorbild hat Mentoring eine solide biblische und theologische Grundlage. Jesus Christus war für seine Jünger Vertrauter, „Meister" und Lehrer. Er liebte sie, gab ihnen Mut und Hoffnung, teilte ihr Leben, führte sie zu einem tieferen Glauben und einer engeren Beziehung zu ihm und beauftragte sie, seine Gemeinde zu bauen.

In sämtlichen Briefen an die Urgemeinden ruft Paulus die Glaubensgeschwister auf, einander zu stärken und zu dienen. Die Liste dieser „einander"-Textstellen ist sehr aufschlussreich.

■ Nehmt Rücksicht aufeinander	Gal 5,13
■ Nehmt einander an	Röm 15,7
■ Seid bereit, einander zu vergeben	Kol 3,13
■ Grüßt einander	Röm 16,16
■ Tragt die Last des anderen	Gal 6,2
■ Seid in Liebe miteinander verbunden	Röm 12,10
■ Achtet einander	Röm 12,10
■ Ermahnt und helft einander, als Christen zu leben	Röm 15,14
■ Ordnet euch einander unter	Eph 5,21
■ Ermutigt einander	1 Thess 5,11

Heute verwenden wir den Begriff „Mentoring", um verschiedenartige Wechselbeziehungen zu beschreiben, die die Entwicklung des anderen fördern und seinem persönlichen Wachstum dienen – und die auch das Wachstum des Mentors oder der Mentorin einschließen.

Es gibt viele Umschreibungen für die Rolle des Mentors: Lehrer, Berater, Anleiter, Seelsorger, Ratgeber, Vertrauter, Tutor, Trainer, Ausbilder, Leitfigur, Richtungsweisender, Begleiter, Autorität, Erzieher, treuer Freund, Coach und Vorbild. Grundsätzlich ist Mentoring:

ein auf zwischenmenschlicher Beziehung basierender Prozess,
bei dem
Wissen und Erfahrungen weitergegeben werden,
um
das Potenzial des Gegenübers zur vollen Entfaltung zu bringen.

Es sind die zwischenmenschlichen Beziehungen, die beim Mentoring als Basis dienen. Dabei ist zu beachten, dass es sich auch hier um einen Prozess handelt. Mentoring heißt, einen Menschen auf dem Weg seiner Lebenserfahrungen zu begleiten und ihm zu helfen, Einsichten zu gewinnen und Sinn und Richtung für die nächste Wegstrecke zu erkennen.

Die Informationen, die dabei weitergegeben werden, umfassen alles, was Mentoren und Mentorinnen durch ihre eigene Lebenserfahrung erworben haben: Weisheit, Wissen, Kontakte und Erkenntnisse. Mentoring vermittelt Zuversicht und neue Perspektiven und kann in besonderen Situationen auch finanzielle Hilfe bedeuten.

Dabei dürfen wir nicht vergessen, dass unterschiedliche Mentorinnen auch unterschiedliche Informationen und Hilfsmittel anbieten werden. Tabelle 1 zeigt, wie der Schwerpunkt einer Beziehung jeweils davon abhängt, welche Bedürfnisse die Ratsuchende und welche Ressourcen die Mentorin hat. Dies hilft bei der Beantwortung der Fragen:

Wozu brauche ich eine Mentorin? Was habe ich als Mentorin zu bieten?

Mentoring hat zum Ziel, das Potenzial anderer Menschen zur vollen Entfaltung zu bringen. Dabei bahnen Mentoren den Weg für zukünftige Entscheidungsträger, indem sie ihnen vermitteln, Probleme eigenständig zu lösen. Wenn wir Menschen begleiten, können wir entweder Problemlöser oder Wegbereiter sein. Im ersten Fall machen wir andere von uns und unserem Erfahrungsschatz abhängig. Regen wir sie dagegen zum selbstständigen Denken an, helfen wir ihnen auf ihrem eigenen Weg zum späteren Erfolg.

Schwerpunkte des Mentoring

Mentoring hat viele Aspekte. Obwohl im Laufe einer Mentoring-Beziehung die meisten, wenn nicht alle der nachfolgenden Kategorien eine Rolle spielen werden, kann die folgende Darstellung helfen, spezielle Bedürfnisse eines Ratsuchenden und besondere Stärken einer Mentorin oder eines Mentors zu erkennen.

Verschiedene Aspekte des Mentoring

Aspekt	Schwerpunkt	Ergebnis
	Input: je nach Fähigkeit der Mentorin/des Mentors	Resultat: je nach Lernbereitschaft der Ratsuchenden (Mentee)
Coaching	Fertigkeiten/ Kompetenz	Vertiefung der Fertigkeiten/ Steigerung der Kompetenz
Jüngerschaft	Verhalten	Änderung des Lebensstils
Lehren	Intellektuelles Wissen/Information	Wissenserweiterung
Seelsorgerliche Beratung	Persönliche Angelegenheiten	Größere emotionale Reife

Geistliche Anleitung	Beziehung zu Gott	Größere geistliche Reife
Sponsoring	Berufliche Beratung	Beruflicher Aufstieg
Vorbildfunktion	Schwerpunkt je nach Bedürfnis der Mentee: z. B. Auftreten im Beruf, Charaktereigenschaften oder das Erlernen einer Fertigkeit	Individuell, je nach Mentee

Coaching

Will jemand seine Fertigkeiten in einem bestimmten Bereich vertiefen, wird die Betonung auf Coaching liegen. Entscheidend sind dabei die Fertigkeiten der Mentorin auf diesem Gebiet. Der Bezug zum Sport liegt auf der Hand, aber ohne Frage brauchen wir Coaching in allen möglichen Bereichen, z. B. „Wie leite ich eine Versammlung?", „Wie schreibe ich einen Bericht?" oder „Wie führe ich ein Telefongespräch nach den Richtlinien der Firma?"

Beim Coaching geht es darum, ein bestimmtes Ziel zu erreichen. Dieses Ziel kann von externen Faktoren bestimmt sein, wie etwa vom Arbeitgeber, oder es kann ein persönlicher Wunsch sein, Kenntnisse auf einem bestimmten Gebiet zu vertiefen.

In beiden Fällen wissen die Mentorin und ihre Mentee, welches Ziel erreicht werden soll, und sie werden gemeinsam über die Vorgehensweise entscheiden. Hier besteht die Rolle der Mentorin darin, ihre Mentee anzuleiten, zu fördern, ihre Fortschritte zu unterstützen und gemeinsam mit ihr kleine Erfolge auf dem Weg zum Ziel zu feiern.

Jüngerschaft

Wenn das Ergebnis eine Änderung des Lebensstils sein soll, wird die Mentorin ihr Augenmerk auf das Verhalten ihrer Mentee richten. Dies geschieht durch den Prozess der Jüngerschaft. Ziel wird sein, das Leben mehr und mehr auf Christus auszurichten. Die Wechselbeziehung zwischen den beiden wird sehr ähnlich sein wie beim Coaching, doch liegt der Schwerpunkt hier auf Wertvorstellungen und der angestrebten Veränderung.

Die Auswertung wird natürlich subjektiver sein als beim Einschätzen von Kenntnissen und Fertigkeiten. Auch wird der Prozess insgesamt länger dauern, doch er folgt demselben Muster: Gemeinsame Zielsetzung – die Mentorin unterstützt einzelne Schritte – gemeinsames Feiern der Meilensteine.

Lehren

Lehren liegt allen anderen Arten des Mentoring zugrunde. Auch wenn wir dabei zuallererst an die Vermittlung von Wissen denken, wie etwa von Vokabeln oder mathematischen Formeln, schließt Mentoring ebenso die Weitergabe des Wissens ein, das die Mentorin durch ihre Lebenserfahrungen erworben hat.

Ungeachtet des Schwerpunkts des Mentoring wird das Element des Lehrens – die Weitergabe von Information – immer eine Rolle spielen.

Seelsorgerliche Beratung

Bei allen Reifeprozessen kommt es gelegentlich zur Stagnation. Dies wird deutlich, wenn das Verhalten einer Person nicht mehr mit ihren Werten übereinstimmt, und durch Coaching oder Jüngerschaft kein Fortschritt erreicht werden kann. Legt jemand zum Beispiel großen Wert auf Pünktlichkeit, kommt jedoch ständig zu spät, kann es sein, dass hier tiefere Konflikte vorhanden sind, die angesprochen und behandelt werden müssen. Es gilt, Probleme wie mangelnde Selbstachtung oder fehlendes Vertrauen zu erkennen und aufzuarbeiten, bevor die Entwicklung weitergehen kann.

Es ist jedoch wichtig, dass die Mentorin um ihre eigenen Grenzen weiß und erkennt, wann sie jemanden an eine professionelle Therapeutin verweisen sollte.

Geistliche Anleitung

Dieser Bereich des Mentoring befasst sich mit der Gottesbeziehung der Mentee. Angestrebt wird eine größere geistliche Reife.

Geistliche Anleitung unterscheidet sich vom Ansatz der Jüngerschaft darin, dass der Schwerpunkt bei der Jüngerschaft auf dem Verhalten – einem Lebensstil nach dem Vorbild Jesu – liegt.

Die geistliche Anleitung dagegen stellt die Vertiefung der Beziehung zu Jesus in den Vordergrund. Dabei ist es wichtig, dass die Mentorin selbst eine lebendige Gottesbeziehung hat. Auch soll sie ihre Mentee nicht zum Klon ihrer selbst machen, sondern ihrem Gegenüber den Freiraum geben, einen eigenen, einzigartigen Weg zu finden, Gott zu begegnen.

Sponsoring

Manchmal sind auch finanzielle Mittel ein Teil des Mentoring-Prozesses. Eine Mentorin mag das Potenzial ihrer Mentee erkennen und sie unterstützen, wenn sie eine Fortbildung in einem bestimmten Bereich besuchen möchte. Dies ist jedoch eher die Ausnahme. In der Regel geschieht Sponsoring dadurch, dass die Mentorin Türen öffnet. Sie kann zum Beispiel eine vielversprechende junge Frau einer Kollegin vorstellen, die ihr beruflich weiterhelfen kann. Sie lässt sie somit an ihrem Einfluss und ihrem Netzwerk teilhaben und verschafft ihr Zugang zu wichtigen Kontakten. Der Schwerpunkt einer Sponsorin liegt gewöhnlich auf der beruflichen Weiterentwicklung, ist aber nicht darauf begrenzt.

Wie ich in meiner Einleitung erwähnte, habe ich in meinem eigenen Leben immer wieder erlebt, dass Menschen für mich solche „Türöffner" waren.

Alle oben genannten Arten des Mentoring finden auf der Beziehungsebene statt, wobei die Beziehungen mehr oder weniger eng sein können. Das Ergebnis des Mentoring hängt jedoch immer vom Engagement und Input auf der einen und von der Bereitschaft zum Wachstum auf der anderen Seite ab.

Warum die Aufschlüsselung in verschiedene Aspekte des Mentoring?

Die Einteilung in verschiedene Kategorien will nicht den Eindruck vermitteln, dass sich Mentoring ausschließlich auf einen Aspekt – unter Ausschluss der anderen – bezieht. In Wirklichkeit sind alle Kategorien eng miteinander verknüpft. Der Aspekt der Lehre durchzieht fast alle Bereiche. Elemente des Jüngerschaftsansatzes sind wahrscheinlich in der geistlichen Anleitung enthalten und umgekehrt. Sponsoring mag bei der Weitergabe von Information und Wissen mit dabei sein. Persönliche Probleme und Schwerpunkte, wie etwa Aggressionsbewältigung oder Zeitmanagement, können bei sämtlichen Kategorien eine Rolle spielen. Es kann jedoch hilfreich sein, die Unterschiede zu verstehen.

Es verschafft uns Klarheit

Vielleicht wird jede von uns mit dem Wort „Mentoring" etwas anderes assoziieren. Ich habe die verschiedenen Komponenten des Mentoring deshalb tabellarisch dargestellt, um Befremdung und Enttäuschung vorzubeugen, die dann entstehen, wenn die Schwerpunkte und Erwartungen von Mentorin und Mentee nicht übereinstimmen. Sucht jemand eine Mentorin für eine bestimmte handwerkliche Fertigkeit und bekommt dafür seelsorgerliche Beratung, ist die Frustration vorprogrammiert. Sucht jemand eine Sponsorin, doch die Mentorin verlegt sich darauf, technisches Wissen zu vermitteln, ist die Beziehung zum Scheitern verurteilt – nicht, weil einer oder beide falsche Erwartungen hatten, sondern weil die Erwartungen nicht klar definiert waren.

Die Tabelle will helfen, die Bedürfnisse zu Beginn der Beziehung anzusprechen und gegebenenfalls den Schwerpunkt im Laufe der Zeit zu verlagern.

Es hilft uns, größere Übereinstimmung zu erlangen

Bei unserer Suche nach einer Mentorin sollten wir nicht erwarten, dass eine einzige Person alle Qualitäten in sich vereint. Besser ist es, „mehrgleisig" zu fahren und mehrere Mentorinnen um Hilfe auf ihrem jeweiligen Gebiet zu bitten. Wie gehen wir hierbei vor? Wir können zum Beispiel jemanden gezielt ansprechen: „Mir ist aufgefallen, dass Sie bei Referaten die Gabe haben, Ihre Gedanken kurz und prägnant zu formulieren. In dieser Hinsicht würde ich gerne von Ihnen lernen. Könnten Sie sich vorstellen, dass wir uns einmal zusammensetzen, um darüber zu sprechen?" Ganz gleich, was unser Anliegen ist – Konfliktbewältigung, das Leiten einer Versammlung oder mehr Selbstbewusstsein –, wir sollten unser Anliegen so genau wie möglich formulieren.

Es hebt die Stärken der Mentorin hervor

Für eine Mentorin ist es gut, ihre besonderen Stärken zu kennen. So weiß sie, was sie leisten kann und was nicht, und ist frei von dem Druck, alle Komponenten in sich vereinen zu müssen.

Einer Mentorin, die ihre eigenen Stärken kennt und bejaht, wird es wahrscheinlich auch leichter fallen, die Gaben in anderen zu erkennen und zu bejahen. Mentoring ist ein Ansatz, der auf menschlichen Stärken beruht.

Vorbildfunktion

Dies ist die einzige Art des Mentoring, die der Definition von Mentoring als Beziehung widerspricht. Vielleicht haben wir schon einmal eine Person als Mentor oder Mentorin bezeichnet, die wir nie persönlich kennengelernt haben. Ich denke dabei an Menschen, deren Verhalten mich beeindruckt hat, oder an Autoren, deren Bücher ich gelesen habe und die mich verändert haben. Menschen, die zu meinem persönlichen Wachstum beigetragen haben und die sich dessen in keiner Weise bewusst sein mögen.

Ich kenne zum Beispiel eine Person, die alles mit mindestens einer positiven Bemerkung kommentiert: „Das war ein gut ausgearbeiteter Vortrag." – „Sie haben klar und deutlich gesprochen." – „Ich liebe Ihren erfrischenden Humor." Diese Person wurde für mich unwissentlich zum Vorbild, dem ich – wenn auch nicht immer erfolgreich – nachzueifern begann.

Und wahrscheinlich haben wir alle schon einmal erlebt, wie plötzlich ein Satz aus einer Unterhaltung, einem Vortrag oder einem Buch besonders hervorsticht und sich für immer in unser Gedächtnis einprägt. Ich weiß noch, wie ich vor vielen Jahren in einer Predigt den Satz hörte: „Jedes menschliche Zusammentreffen ist für unser Gegenüber eine Einladung zum Leben oder zum Sterben, je nachdem, wie wir ihm begegnen." Ich habe diesen Satz wieder und wieder zitiert, wenn Menschen mit zerbrochenen Beziehungen das seelsorgerliche Gespräch mit mir suchten.

Eine weitere Bemerkung beeinflusste mein Verhalten in Bezug auf das Wahrnehmen von Leitungsaufgaben: „Es ist eine Sünde, eine Gabe zu besitzen und sie nicht zu nutzen!" Dieser Satz schlug wie ein Blitz bei mir ein und motivierte mich zum Handeln – stellvertretend für die vielen Frauen, die über die Gabe der Leitung verfügen und glauben, sie könnten sie nicht ausüben, weil sie Frauen sind.

All dies könnte man als unabsichtliches oder passives Mentoring bezeichnen, da die Beziehungsebene fehlt. Normalerweise ist Mentoring jedoch immer in die Beziehung eingebettet und etwas, das wir aktiv und bewusst anstreben.

Jesus, der „Meister-Mentor", stand Modell für sämtliche Arten des Mentoring.

Er hatte zweifellos die Gabe, Inhalte für seine Zuhörer verständlich zu vermitteln. Er lehrte, wo immer sich Frauen und Männer um ihn sammelten. Lehren war Teil seiner Begegnungen mit Menschen, doch die Schwerpunkte variierten. So hinterfragte er etwa das Verhalten seiner Jünger, um es mit den Werten, die er lehrte, in Einklang zu bringen. Für Maria, von der normalerweise erwartet wurde, dass sie in der Küche half, wurde er zum „Sponsor" oder Türöffner, als er ihr ermöglichte, zu seinen Füßen zu sitzen und von ihm zu lernen. Mit der Frau aus Samaria führte er ein seelsorgerliches Gespräch, als er die Sünde in ihrem Leben ansprach. Zugleich war er ihr geistlicher Anleiter, der sie zu einem tieferen Verständnis ihres Glaubens führte, wodurch sie zu einer Beziehung zu ihm fand. Als Jesus die Jünger zu zweit und mit detaillierten Anweisungen aussandte und sie danach eingehend nach ihren Erfahrungen befragte, tat er das, was wir heute als Coaching bezeichnen würden.

Mentoring ist ganz einfach der Prozess, Menschen zu begleiten und sie in ihrem Wachstum zu unterstützen, damit sie die Reife erlangen können, die Gott für uns alle will. Eine Mentorin soll nicht die vorhandenen Probleme lösen, sondern beim Suchen nach Lösungen Hilfestellung leisten. Mentorinnen helfen uns in dem Prozess, neue Aufgaben zu bewältigen und Erfahrungen in einem neuen Licht zu sehen. Die Herausforderung für uns besteht darin, diesen Prozess gezielter und effektiver in unser Leben zu integrieren.

Warum ist Mentoring so wichtig?

Mentoring und seine Bedeutung

Von einer Frau, die einen Vortrag über Mentoring besucht hatte, erhielt ich folgende E-Mail. Sie hatte alles in Großbuchstaben getippt, als ob sie dem Inhalt besonderen Nachdruck verleihen wollte:

> *Mentoring ist für die persönliche Entwicklung von großer Bedeutung.*

„Sie haben ja so Recht – MENTORING IST EINE DER BESTEN METHODEN, UM FRAUEN ZU HELFEN, MEHR SELBSTVERTRAUEN ZU ENTWICKELN, DAMIT SIE LEITUNGSAUFGABEN WAHRNEHMEN KÖNNEN. WENN ICH MEINE MENTORIN NICHT HÄTTE, WÜRDE ICH HEUTE NOCH VÖLLIG ZIELLOS IM DUNKELN TAPPEN."

Keiner von uns will ziellos im Dunkeln tappen, und oft brauchen wir die Hilfe anderer, um den richtigen Weg zu finden. Mentorinnen können Wegweiser sein.

Mentoring ist viel mehr als eine kurzlebige Modeerscheinung. Obwohl „Mentoring" kein biblischer Begriff ist, enthält die Idee des Mentoring den biblischen Auftrag zu Wachstum und Weiterentwicklung, persönlich und als Gemeinschaft.

Paulus schreibt dazu: „Einige hat er [der Heilige Geist] beauftragt, Gemeinden zu gründen, einige reden in Gottes ausdrücklichem Auftrag, und andere gewinnen Menschen für Christus. Wieder andere leiten die

Gemeinde oder unterrichten sie in Gottes Wort. Sie alle sollen Christen für ihren Dienst ausrüsten, damit die Gemeinde Jesu aufgebaut und vollendet werden kann. Wenn das geschieht, werden wir im Glauben immer mehr eins werden und Jesus Christus, den Sohn Gottes, immer besser kennen lernen. Wir sollen zu mündigen Christen heranreifen, zu einer Gemeinde, in der Christus mit der ganzen Fülle seiner Gaben wirken kann" (Epheser 4,11-13).

Mentoring ist ein biblischer Auftrag.

Als Christen erhalten wir geistliche Gaben, damit der Leib Christi zu größerer Reife gelangen kann. Und wir sollen unsere Gaben einsetzen, um einander zu helfen, zu mündigen Christen heranzureifen.

Die Ursache, weshalb sich Mentoring in der heutigen Zeit einer so großen Beliebtheit erfreut, liegt in unserem modernen Lebensstil. Gesellschaftliche Strukturen wie das Zunftwesen, Familienbetriebe oder das Leben in einer großen Gemeinschaft wie zu biblischer Zeit sind von einem starken Individualismus abgelöst worden, was zu einem Vakuum in gewissen Bereichen führt.

Wie schon erwähnt: Früher wohnte ein Lehrling beim Lehrmeister seiner Zunft. Schüler teilten das Leben mit ihren Lehrern. In der Landwirtschaft und in kleinen Betrieben arbeitete oft die ganze Familie mit. Mentoring geschah dabei unbewusst und auf ganz natürliche, alltägliche Weise. Handwerkliche Fertigkeiten, Lebenspraktisches und Charakterbildung waren Teil der gemeinschaftlichen Lebensform. Wir haben diesen Sinn für Gemeinschaft verloren, der damals die Regel war, und damit die Art von Mentoring, die das ganze Leben umfasst.

Wir werden kaum in der Lage sein, die gemeinschaftlichen Lebensstrukturen der damaligen Zeit wieder herzustellen. Doch wir können ein Gespür dafür entwickeln, in welcher Form wir heute Gemeinschaft leben und gegenseitige Verantwortung üben können. Wir können ganz bewusst Beziehungen aufbauen, in denen Mentoring möglich wird.

Aktuelle Statistiken zeigen, dass Coaching/Mentoring und die Möglichkeit, Gelerntes praktisch anzuwenden, zwei der wichtigsten Elemente bei der Ausbildung von Führungskräften sind, besonders, wenn beides miteinander verknüpft ist.

Dies erfordert bewusstes, gezieltes Engagement. Führungskräfte, die bereits ausgelastet sind, finden es oft schwierig, Mentoring zu einer Priorität zu machen.

Doch erfolgreiche Führungskräfte investieren in die Zukunft, indem sie sich bei der Förderung zukünftiger Führungskräfte einbringen. Sie helfen ihnen, die Fertigkeiten und Charaktereigenschaften zu entwickeln, die sie brauchen, um Leitungsaufgaben verantwortlich und mit Integrität wahrnehmen zu können.

> *Als erfolgreiche Leitfigur hinterlassen wir Segensspuren auf unserem Weg. Wir lassen Menschen zurück, die kompetent und gut gerüstet sind – mit der Überzeugung und dem Willen, die Arbeit weiterzuführen.*
>
> Laura Chamberlain

Da es beim Mentoring nicht nur um die Weitergabe von Informationen geht, sondern auch darum, an einem Reifungsprozess teilzuhaben, der persönliche, fachliche und geistliche Inhalte einschließt, erscheint der Begriff vielleicht zu wenig klar umrissen. Dies ist der Grund, weshalb ich im vorigen Kapitel ausführlich auf die verschiedenen Aspekte des Mentoring eingegangen bin.

Die Vision des Mentoring

Wir alle sind unterwegs zu einer tieferen inneren Reife. Mentoring – ganz gleich, ob der Schwerpunkt auf Lehren, Jüngerschaft, geistlicher Anleitung, Coaching oder Sponsoring liegt – hat zum Zweck, andere auf unseren Weg mitzunehmen und ihr Wachstum in einem oder in allen diesen Bereichen zu unterstützen.

Wir verändern uns unser ganzes Leben lang. Und wir wissen es: Veränderungen „passieren", sie geschehen einfach.

Wenn aus Veränderungen aber Wachstum werden soll, braucht es dazu eine bewusste Haltung – und daraus folgend Ziele und konkrete Schritte. Wachstum geschieht nicht von selbst. Die Frage, die sich dann stellt, lautet: Wie sieht zielbewusstes Wachstum aus, und wie gestalten wir unsere Mentoring-Beziehungen, damit sie für uns und für andere am effektivsten sind?

Wachstum geschieht nicht von selbst.

Die Entwicklung jedes Menschen ist einzigartig, doch es gibt dabei bestimmte Phasen, die allen gemeinsam sind. Wissenschaftliche Studien belegen, dass wir bei der Entwicklung unserer Identität, unserer persönlichen Kompetenz und Autorität sowie unserer geistlichen Entwicklung eine Reihe von unterschiedlichen Stadien durchlaufen. Und bevor wir in der Lage sind, andere in ihrer Entwicklung zu unterstützen, müssen wir selbst ein entsprechendes Stadium erreicht haben.

Meine Vision für Mentoring ist es, dass jede von uns eine Mentorin findet, die uns gezielt begleitet und die mindestens ein Entwicklungsstadium weiter ist. So entsteht eine Kette von Mentorinnen, mit dem Ziel, dass wir alle das Stadium erreichen, in dem wir fähig sind, uns von unserer Macht, Stärke und Autorität innerlich so zu lösen, dass wir andere stärken und ihnen Autorität übertragen können.

Das Abenteuer Mentoring –
Janet Hagbergs Theorie der Stadien

Ein hilfreiches Gerüst bieten die Bücher *Stages of Power*[2] von Janet Hagberg, eine Darstellung der Stadien der Kompetenz in der Persönlichkeitsentwicklung, und *The Critical Journey*[3] von Janet Hagberg und Robert Guelich, eine Darstellung der Stadien der Kompetenz in der geistlichen Entwicklung. Die Bücher sind so aufgebaut, dass sie praktische Hilfe bieten bei den Fragen, in welchem Stadium wir uns befinden und welches seine Merkmale sind, warum wir stagnieren oder was uns zum Weitergehen treibt. Es ist hilfreich, zu wissen, wo wir stehen, wohin wir unterwegs sind, und welche Bedürfnisse wir auf dieser Wegstrecke haben.

Wenn wir Mentoring unter dem Aspekt der Entwicklungsstadien verstehen, fällt es leichter, die Bedürfnisse der Menschen wahrzunehmen, die wir begleiten. Dann können wir gezielt einen Prozess einleiten, der ihre Stärken fördert und ihren Bedürfnissen und ihrer natürlichen Entwicklung entspricht.

(Anmerkung zum Buch „Stages of Power": Das englische Wort „Power" hat ein weitaus größeres Bedeutungsspektrum als das deutsche Wort „Macht" oder „Kraft, Stärke". Je nach Kontext kann es außerdem heißen:

- *Herrschaft, Autorität, Einfluss*
- *Kompetenz, Fähigkeit, Vermögen, Begabung*
- *Machtausübung, Nötigung, Beherrschung*
- *Leistung, Energie, Potenzial, dynamische Kraft*
- *Vollmacht (im geistlichen Sinn)*

Wir haben uns weitgehend für die Übersetzung „Kompetenz" entschieden, aber die übrigen Aspekte spielen immer wieder mit, wenn es um „Power" geht. Und eben auch die Bedeutung „Macht".)

Der Begriff „Macht" hat oft einen negativen Beigeschmack, da Macht auch missbraucht werden kann. Dabei ist Macht eine gottgegebene Eigenschaft, die zum menschlichen Wesen gehört. Wir sind nach dem Bild Gottes geschaffen, ausgestattet mit Macht, damit wir in unserer Welt etwas bewegen können, um positive Veränderungen zu schaffen. Wir sind wichtig. Wir haben eine Bedeutung. Wir beeinflussen unsere Welt allein durch unsere Gegenwart. Doch das volle Ausmaß dieser Tatsache ist etwas, das wir nur schrittweise erfassen. Die Unfähigkeit zu verstehen, dass unsere Bedeutung nicht von unserer Leistung abhängt, sondern dass wir als Menschen wertvoll sind, ist einer der Gründe für den Missbrauch der Macht. Wer sich unbedeutend und machtlos fühlt, legt häufig aggressives Verhalten an den Tag, was eine Art Machtgefühl vermittelt.

Hagbergs Darstellung der Entwicklung unserer wirklichen „Macht", was unsere Stärken und Fähigkeiten und den Reifegrad unserer Entwicklung betrifft, ist sehr aufschlussreich. Nach ihrer Theorie in ihrem Buch *Real Power* durchlaufen wir bei der Entdeckung unserer Macht, unserer Kompetenz verschiedene Stadien. Dabei lernen wir mehr und mehr, dass wir Kompetenz nicht in äußeren Faktoren – in anderen Menschen oder unseren Leistungen – finden, sondern in uns selbst. Haben wir dies begriffen, dann brauchen wir uns nicht länger an unsere Macht, die damit verbunden ist, zu klammern, sondern sind frei, andere an unseren Möglichkeiten und an unserer Kompetenz teilhaben zu lassen – andere zu stärken. Kompetenz ist also etwas, das wir in uns tragen, das unbegrenzt zur Verfügung steht, und das wir daher großzügig weitergeben können. Nicht jeder, nicht jede wird zu dieser Erkenntnis gelangen. Aber wer dies tut, ist die geborene Mentorin.

> *Mentoren lassen andere an ihrer Macht und Stärke teilhaben.*

Für das Mentoring bietet die geordnete Abfolge der Schritte in der Entwicklung unseres persönlichen Potenzials eine Struktur, die das persönliche Durchlaufen dieser Stadien leichter macht.

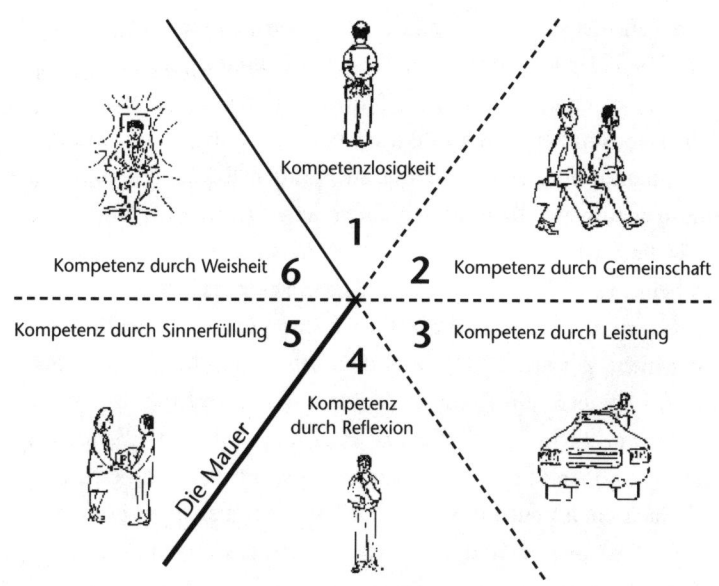

Kompetenzlosigkeit

1

Kompetenz durch Weisheit **6**

Kompetenz durch Sinnerfüllung **5**

2 Kompetenz durch Gemeinschaft

3 Kompetenz durch Leistung

4

Kompetenz durch Reflexion

Die Mauer

Janet Hagbergs Theorie der Stadien

Die Stadien der persönlichen Kompetenz

Die Stadien der geistlichen Entwicklung

Kompetenzlosigkeit	Das Erkennen Gottes: Gott entdecken
Kompetenz durch Gemeinschaft	Das Leben in der Nachfolge: Mehr von Gott erfahren
Kompetenz durch Leistung	Das Leben im Dienst: Für Gott aktiv sein
Kompetenz durch Reflexion	Die Reise nach innen: Gott neu entdecken
Kompetenz durch Sinnerfüllung	Die Reise nach außen: Sich Gottes Sache hingeben
Kompetenz durch Weisheit	Das Leben der Liebe: Gottes Liebe widerspiegeln

Wir mögen uns in unterschiedlichen Stadien befinden, in unterschiedlichem Umfeld oder mit unterschiedlichen Leuten zusammen sein, doch wir alle haben einen bestimmten „Normal-Modus". In dem „funktionieren" wir gewöhnlich und zu dem kehren wir zurück, wann immer eine neue Situation oder eine Krise uns zwingt, den Rückzug in ein früheres Stadium anzutreten. Beim Durchlaufen der verschiedenen Stadien behalten wir die Stärken, die wir in früheren Stadien erworben haben.

Dabei ist es wichtig zu beachten, dass es keine „falschen" Stadien gibt. Genauso wie unsere körperliche Entwicklung in unterschiedlichen Phasen geschieht, gilt dies auch hinsichtlich der Entwicklung unserer persönlichen Kompetenz. Ein Kind, das laufen und rennen kann, ist nicht „besser" oder wird nicht mehr geliebt als ein Krabbelkind. Das Erste hat ganz einfach ein höheres Stadium der körperlichen Entwicklung erreicht, und wir Erwachsenen freuen uns über jeden Wachstumsschritt. Entsprechend ist jemand, der sich in Stadium 3 befindet und das Verständnis seiner persönlichen Kompetenz aus seinen Leistungen herleitet, kein besserer Mensch als derjenige in Stadium 2, der das Gefühl seiner Kompetenz durch die Gemeinschaft erhält, zu der er gehört. Keiner der beiden wird deshalb mehr oder weniger geliebt.

So ist es auch mit unserer Gottesbeziehung. Sie wird sich im Laufe unseres Lebens vertiefen, je reifer wir im Glauben werden – doch jeder Mensch in jedem Stadium hat den gleichen Zugang zu Gott und wird von ihm gleich geliebt. Was wir in unserem Mentoring-Prozess anstreben – ebenso wie beim Wachstum eines Kindes – ist Weiterentwicklung.

Wenn ein Kind in seiner körperlichen Entwicklung den Schritt vom Krabbeln zum Laufen nicht macht, sind wir besorgt und wollen die Ursache für die Störung ergründen. Genauso werden wir, wenn wir selbst oder die Menschen, die wir begleiten, in der Entwicklung stagnieren, nach den Gründen suchen, welche die Weiterentwicklung behindern.

Über die Zeitdauer, wie lange wir uns in jedem Stadium befinden sollten, gibt es keine Regel. Dies hängt von jedem Einzelnen ab. Wir können jedoch aus unterschiedlichen Gründen in einem Stadium „stecken bleiben", darin gefangen sein. In diesem Fall ist Mentoring besonders wichtig. Das Beste, um von einem Stadium zum nächsten zu gelangen, ist das Arbeiten mit einer erfahrenen Mentorin, die mindestens ein Stadium weiter ist. Dabei ist die Reihenfolge der einzelnen Stadien entscheidend. Auch hier kann der Vergleich mit der körperlichen Entwicklung zum Verständnis beitragen. Wir können nicht von Stadium 2 lückenlos zu Stadium 5 übergehen, ohne zuvor die Stadien 3 und 4 zu durchlaufen, genauso wenig wie ein Kind Seilspringen lernt, bevor es überhaupt stehen kann.

Die folgenden Seiten bieten eine kurze Übersicht der einzelnen Stadien und der entsprechenden Besonderheiten der emotionalen und geistlichen Entwicklung. Sie soll helfen, die Merkmale der einzelnen Stadien besser zu verstehen. Wer mehr darüber wissen möchte, kann weitere Informationen zum Thema auf Janet Hagbergs Website finden (siehe Quellenverzeichnis S. 143).

Stadium 1: Kompetenzlosigkeit
(Das Erkennen Gottes: Gott entdecken)

Merkmale

Die Merkmale des Stadiums der Machtlosigkeit sind Abhängigkeit, geringes Selbstwertgefühl, Hilflosigkeit, Ängstlichkeit, ein Gefühl der Stagnation und das Gefühl, ständig das Opfer zu sein. Menschen in diesem Stadium haben die Tendenz, sich durch ihre Unzulänglichkeiten zu definieren: Ich bin, wer ich *nicht* bin!

> **Identität: Ich bin, die ich n i c h t bin!**

47

Überzeugungen und Gefühle

- Ich fühle mich machtlos.
- Ich stelle meinen Selbstwert häufig in Frage.
- Ich habe den Eindruck, die Leute überreden zu müssen, damit ich bekomme, was ich will oder brauche.
- Ich habe das Gefühl, dass nichts, was ich tue, wirklich helfen kann, meine Lebenssituation zu verbessern.
- Ich fürchte mich, Risiken einzugehen.
- Ich ziehe es vor, wenn andere für mich entscheiden.
- Ich treffe anscheinend immer die falschen Entscheidungen.
- Oft lähmt mich die Angst.

Hindernisse

Ein Gefühl der Wertlosigkeit oder Ablehnung, ein geistlicher Tiefpunkt, Märtyrertum, Unwissenheit, Angst und Misstrauen – all das kann dazu beitragen, dass wir in diesem Stadium stehen bleiben. Krisen oder zusätzliche Verantwortung können dazu führen, dass wir in dieses Stadium zurückfallen. Dank unserer in höheren Stadien erworbenen Stärken gelingt es uns meistens rasch, zu unserem Normal-Stadium zurückzukehren.

Führungsstil in Stadium 1

Wenn wir in diesem Stadium Leitungsaufgaben wahrnehmen, laufen wir durch unsere Ängste Gefahr, rücksichtslos oder manipulativ zu handeln, was wiederum Ängste auslöst bei denen, die wir anleiten sollen.

Geistliche Entwicklung

Stadium 1 ist der Beginn unserer geistlichen Entwicklung, unserer Suche nach Gott – ausgelöst durch ein tiefes inneres Bedürfnis oder ein Gefühl der Ehrfurcht.

- Meine Gotteserfahrung gründet sich auf ein Gefühl der Ehrfurcht; auf das Gefühl, dass ich Gott brauche; auf meine Suche nach einem tieferen Sinn; ich begegne Gott in der Natur.
- Ich habe Gottes Gegenwart in meinem Leben erfahren.
- Ich fühle mich der Liebe Gottes unwürdig.
- Ich stehe am Anfang meines Weges mit Gott.
- Gott hat mich gerettet.

Mentoring in Stadium 1

Der Übergang von Stadium 1 zu Stadium 2 erfordert die Entwicklung unseres Selbstwertgefühls und die Entwicklung der Fähigkeit zu entdecken, was wir zu geben haben, anstatt uns darauf zu konzentrieren, was wir nicht können. Dabei kann es hilfreich sein, sich einer starken Gruppe anzuschließen oder eine starke Leitfigur zu finden.

Mentoring in diesem Stadium schließt gewöhnlich Coaching ein, um bestimmte Kenntnisse zu vertiefen, sowie seelsorgerliche Beratung, um Selbstvertrauen zu fördern und Ängste zu überwinden.

Vorrangige Ziele sind zum Beispiel: ein positives Umfeld und eine starke Leitfigur als Vorbild zu finden; Gaben und besondere Fähigkeiten zu entdecken und weiterzuentwickeln; zu lernen, sich mitzuteilen; aufzuhören, sich auf die eigenen Fehler und Unzulänglichkeiten zu konzentrieren; Ängsten ins Auge zu sehen; zu träumen wagen; sich von der Opferrolle zu lösen und den eigenen Selbstwert anzunehmen.

Stadium 2: Kompetenz durch Gemeinschaft
(Das Leben in der Nachfolge: Mehr von Gott erfahren)

Merkmale

Die Merkmale dieses Stadiums sind: Abhängigkeit von anderen, mächtig und einflussreich empfundenen Personen; Anpassung an einen bestimmten Lebensstil; wachsende Selbsterkenntnis; Lernen von anderen und das Bedürfnis, dazuzugehören.

Identität: Ich bin, wie die anderen mich sehen.

In diesem Stadium finden wir Sinn und Identität in der Gruppe, zu der wir gehören. Antworten bieten uns der Gruppenleiter, das gemeinsame Ziel der Gruppe oder das Glaubenssystem. Das Verweilen in diesem Stadium ist sehr bequem, und viele von uns halten sich über einen längeren Zeitraum darin auf.

Wir nehmen die Sprache der Gruppe an, ihre Werte und Praktiken, und passen uns in unserem Verhalten an, um nicht von der Gruppe ausgeschlossen zu werden. Es sind die anderen, die uns ein Gefühl der Bedeutung geben. Und es ist das Zugehörigkeitsgefühl, das für unser Dasein wichtig ist. Unser Schwerpunkt verlagert sich von unseren Mängeln und Fehlern dahin, wie andere uns wahrnehmen. Die Gruppe sagt uns, wer wir sind.

Überzeugungen und Gefühle

- Ich habe das Gefühl, mich beweisen zu müssen.
- Ich lerne, mich zurechtzufinden.
- Ich bitte so viele Leute wie möglich um Rat oder Informationen.
- Ich bin meinem Chef gegenüber außerordentlich loyal.
- Ich imitiere bewusst das Verhalten anderer.

- Mein Selbstbild hängt davon ab, was andere über mich sagen.
- Ich lasse mich leicht beeinflussen von Menschen, die ich als mächtiger empfinde.
- Es fällt mir schwer, Entscheidungen zu treffen.
- Ich fange an, meine Gaben und Fertigkeiten zu entdecken und zu entwickeln.
- Ich fühle mich manchmal naiv.
- Ich habe den Eindruck, beruflich zu stagnieren.

Hindernisse

Wir bleiben in Stadium 2 stehen, wenn wir zu der Überzeugung gelangen, dass allein die Gruppe, zu der wir gehören, den richtigen Glauben vertritt, für die richtige Sache kämpft oder der richtigen Leitfigur folgt. Dies mündet in Arroganz, in eine „Wir-gegen-den-Rest-der-Welt"-Haltung, die uns dazu bringt, nach festgelegten Regeln zu leben. Andere Faktoren, die uns in diesem Stadium stagnieren lassen, sind mangelndes Selbstvertrauen oder der starke Wunsch nach Sicherheit sowie Angst vor Erfolg und die zwanghafte Vorstellung, jemanden oder etwas außerhalb unseres Selbst zu finden, der oder das uns Erfüllung bietet. Ein weiterer Grund, weshalb Frauen manchmal in diesem Stadium stehen bleiben, ist die mangelnde Bereitschaft seitens der Gruppe oder Gemeinde, ihre geistlichen Gaben anzuerkennen und Frauen Gelegenheiten zu bieten, sie zu entwickeln. Dies gilt vor allem für die Gabe der Leitung.

Führungsstil in Stadium 2

Wenn wir Leitungsaufgaben wahrnehmen und Stadium 2 unser Normal-Modus ist, werden wir uns darin auszeichnen, Richtlinien genau zu befolgen und große Loyalität gegenüber einer Organisation an den Tag zu legen. Unseren Einfluss werden wir auf der Beziehungsebene geltend machen, doch unsere eigene Unsicherheit wird unseren Führungsstil behindern. Es wird uns schwer fallen, zu unseren Entscheidungen zu stehen, denn wir neigen dazu, sie im Nachhinein anzuzweifeln. Wir werden diejenigen, für die wir ein Leitbild sein sollen, von uns abhängig machen, da wir nicht selbstsicher genug sind, sie in unabhängiges Handeln zu entlassen.

Geistliche Entwicklung

Was die geistliche Entwicklung betrifft, ist Stadium 2 das Stadium der Jüngerschaft, in dem wir Grundlagen über Gott und über das Leben als Christen lernen. Wenn wir uns einer Glaubensgemeinschaft zugehörig fühlen, machen wir uns ihr Gottesbild zu eigen sowie ihre Art, den Glauben zu leben. Unsere Vorstellung von Gott beruht auf dem, was wir gelernt haben.

- Meine Glaubensgemeinschaft gibt mir das Gefühl, wertvoll zu sein.
- Ich bin sicher, dass ich das Richtige glaube.
- Ich lerne gern mehr über meinen Glauben.
- Ich bin gern mit Gleichgesinnten zusammen.
- Ich habe geistliche Helden und Heldinnen.
- Mein Verständnis von Gott wächst.
- Es gibt mir Sicherheit zu wissen, dass ich nach bestimmten Regeln lebe.

Mentoring in Stadium 2

Der Übergang von Stadium 2 zu Stadium 3 erfordert, dass wir beginnen, unser Selbstbewusstsein zu entwickeln. Wir brauchen daher jemanden, der unsere Begabungen und Stärken fördert. Mentoring in diesem Stadium wird sich vor allem auf Lehre und Coaching beziehen, damit wir Vertrauen in unsere Fähigkeiten entwickeln; auch Sponsoring kann von

Bedeutung sein. Eine Mentorin kann unser Weiterkommen beeinflussen, indem sie uns bei der Suche nach neuen Herausforderungen und neuen Verantwortungsbereichen unterstützt, ehrliches Feedback gibt, unsere Kenntnisse erweitert und ihr Netzwerk an Kontakten anbietet.

Gute Mentoring-Ziele in diesem Stadium sind: Risiken eingehen, um Selbstvertrauen zu entwickeln; durch Coaching mehr Sachkompetenz erwerben; Lernen, sich um eigene Angelegenheiten zu kümmern und eigene Leistungen anzuerkennen.

Diane ist das Beispiel einer Frau, die aus Mangel an Selbstvertrauen in Stadium 2 stehen geblieben war. Sie war Alkoholikerin, hatte ein geringes Selbstwertgefühl und Probleme in ihrer Ehe. Vor fünf Jahren hatte sie durch Mentoring erkannt, dass sie viele Stärken besaß, die aus diesen schweren Zeiten hervorgegangen waren. Heute leitet sie eine christliche Selbsthilfe-Gruppe für Suchtkranke und hält öffentlich Vorträge. Ihre ganze Erscheinung hat sich verändert. Aus der gehemmten Frau, die sich ständig für irgendetwas entschuldigte, ist eine strahlende Tochter Gottes geworden. Sie hat ohne Zweifel Stadium 3 erreicht.

Stadium 3: Kompetenz durch Leistung
(Das Leben im Dienst: Für Gott aktiv sein)

Merkmale

Das Stadium der Macht durch Leistung ist gekennzeichnet durch Erfolg, Ehrgeiz, Konkurrenzdenken, Energie, Kompetenz, Charisma und Wirklichkeitssinn. In diesem

> *Identität: Ich bin, was ich tue.*

Stadium messen wir dem Status oder den Statussymbolen, die der Lohn für unsere Leistungen sind, einen hohen Wert bei und vergessen leicht, dass es auch noch andere Dinge im Leben gibt als unseren gegenwärtigen Tätigkeitsbereich, als unsere Arbeit.

Auf unserem Weg zu größerem Selbstvertrauen, höherer Kompetenz und der Entwicklung einer reifen Persönlichkeit kann auch dieses Stadium viele Jahre in Anspruch nehmen. Es hat in sämtlichen Kulturkreisen einen hohen Stellenwert, und Leistung – sei es in Bezug auf körperliche Arbeit, finanziellen Erfolg, Sport, Reisen oder das Erlangen von Berühmtheit – wird stets auf irgendeine Weise belohnt. In diesem Stadium lernen wir, uns selbst etwas zuzutrauen.

Überzeugungen und Gefühle

- Ich glaube, dass Kompetenz begrenzt und bestimmten Menschen vorbehalten ist. Titel, Gehaltsstufe, Statussymbole, akademischer Grad und materieller Besitz sind mir wichtig.
- Ich setze Kompetenz und Macht mit Einflussnahme und Kontrolle gleich.
- Meine Zufriedenheit hängt hauptsächlich von meiner Arbeit ab.
- Ich bin bereit, für den beruflichen Erfolg persönliche Werte aufs Spiel zu setzen.
- Ich liebe Herausforderungen, die Verantwortung mit sich bringen.
- Ich glaube, dass ich Macht verdienen kann.
- Es ist mein Wunsch, erfolgreich zu sein.

Hindernisse

Wir bleiben in diesem Stadium stehen, wenn wir das Leben als Leistungserfüllung sehen und es uns schwer fällt, das Zepter aus der Hand zu geben. Wir sind vielleicht übertrieben ehrgeizig, übersättigt von unserem Erfolg, egozentrisch, und merken oft nicht, wie sehr wir in diesem Stadium gefangen sind.

Führungsstil in Stadium 3

Der Führungsstil in Stadium 3 stützt sich auf Erfolgsstrategien, und wir mögen gekränkt und verärgert reagieren, wenn sich die gewünschten Resultate nicht einstellen. Da unsere persönlichen Werte, unsere Kompetenz und unser Ego untrennbar miteinander verknüpft sind, sind wir geneigt, Misserfolge und das Scheitern unserer Pläne persönlich zu nehmen. Wir spornen unsere Mitarbeiter zu erfolgsorientiertem Denken an und üben unsere Führungsverantwortung oft durch persönliche Überzeugungstaktiken und Charisma aus. Leiter von Werken und Organisationen wird man nicht selten in diesem Stadium antreffen, zumal sie meistens nach außen hin erfolgreich wirken.

Geistliche Entwicklung

In unserer geistlichen Entwicklung ist dies das Stadium, in dem wir für Gott aktiv sind, Verantwortung für einen Dienst übernehmen und erleben, wie unser geistliches Leben Früchte trägt. Wir entdecken neue Gaben und nehmen Aufgaben innerhalb unserer Glaubensgemeinschaft mit einem neuen Gefühl der Selbstsicherheit wahr. Symbole des Erfolgs können sein: mehr Verantwortung in einem bestimmten Bereich; eine Würdigung oder Auszeichnung für besondere Verdienste; eine neue Herausforderung oder einfach die Anerkennung, dass unser Dienst von Bedeutung ist. Wir sind uns unserer Fähigkeiten bewusst, haben Gelegenheiten, sie einzusetzen und das befriedigende Gefühl des Erfolgs.

- Ich freue mich an meinen Gaben und möchte andere daran teilhaben lassen.
- Ich schätze die Anerkennung, die man mir in meiner Glaubensgemeinschaft für meinen Einsatz entgegenbringt.
- Ich habe einige meiner geistlichen Ziele erreicht.
- Ich bin müde, weil ich so viel tue.
- Ich unterweise gern andere im Glauben.

Mentoring in Stadium 3

Menschen in diesem Stadium werden vor allem Coaching suchen, um ihr persönliches Ziel auf dem Weg zum Erfolg zu erreichen. Kompetenz in bestimmten Bereichen erfordert fundierte Kenntnisse, und bevor wir nicht ein gewisses Niveau erreicht haben, werden wir nicht bereit sein loszulassen und zu Stadium 4 überzugehen.

Mentoring als Hilfe beim Übergang zu Stadium 4

Die ersten drei Stadien sind gekennzeichnet durch äußere Kompetenz, die sich aus unseren Beziehungen ergibt oder die wir durch unsere Leistungen erwerben. In diesen Stadien entwickeln wir die *Fähigkeit zu handeln*, die übliche Bedeutung der Kompetenz in diesem Stadium. Beim Übergang zu Stadium 4 entdecken wir zum ersten Mal die innere Kompetenz, die aus der *Fähigkeit zu reflektieren* hervorgeht. Dabei verlieren wir nicht die Fähigkeit zu handeln, doch wir handeln nun aus anderen Motiven. Oft bedarf es einer persönlichen Krise, damit wir zu Stadium 4 übergehen, denn Stadium 3 vermittelt das schöne Gefühl, erfolgreich und auf dem Höhepunkt der Macht zu sein. Der Verlust des Arbeitsplatzes, familiäre oder gesundheitliche Probleme können diesen Traum zerstören und zu der Erkenntnis führen, dass es Dinge gibt, die nicht in unserer Hand liegen. Oder wir geraten in eine Glaubenskrise, wenn wir feststellen, dass vorgefertigte „Standard-Antworten" nicht mehr ausreichen oder der Dienst für Gott uns nicht mehr so ausfüllt wie bisher. Dann beginnt in der Regel die Suche nach etwas, das beständiger ist als Leistung und Statussymbole und das unserem Leben einen Sinn gibt.

Der Prozess des Übergangs von Stadium 3 zu Stadium 4 erfordert eine andere Vorgehensweise des Mentoring. Wir brauchen Hilfe, um uns von Statussymbolen und Erfolgsorientiertheit zu verabschieden und von dem Bedürfnis, dass andere uns als stark, selbstsicher, kompetent und vollkommen betrachten. Wir brauchen eine neue Einstellung den Dingen gegenüber, denen wir uns sicher wähnten. Wir müssen lernen, zu unserer Verwundbarkeit zu stehen und uns mit dem Prozess des Loslassens auseinandersetzen. Wir müssen lernen, nach Orientierung zu suchen anstatt nach Antworten, uns in Stille und Reflexion üben, Netzwerke aufbauen und uns auf die Gegenwart konzentrieren. Diese Verlagerung ist schwierig und kann nicht erzwungen werden, doch sie kann durch sensibles Mentoring gefördert werden.

Besondere Ziele des Mentoring könnten in diesem Fall sein: die Bereitschaft, sich von einem bestimmten Erfolgssymbol zu trennen; die Fähigkeit der Selbstreflexion zu entwickeln; das Gespräch mit Menschen in den Stadien 4, 5 und 6 zu suchen und sie zu befragen, um von ihnen zu lernen; sich eine Reihe von „Was-würde-ich-tun?"-Fragen zu stellen; sich für eine bestimmte Sache einzusetzen oder selbst Mentorin für jemanden zu werden.

Der Übergang von äußerer zu innerer Kompetenz geschieht nicht automatisch. Eine Studie[4], die sich auf berufstätige Frauen und Männer bezieht, zeigt eine deutliche Abweichung bezüglich Alter und Geschlecht in den verschiedenen Stadien der Kompetenz.

Mehr Frauen als Männer befinden sich danach in Stadium 2 (19 % zu 15 %) und wesentlich mehr Männer als Frauen befinden sich in Stadium 3 (61 % zu 46 %). Allerdings ist die Anzahl der Frauen in Stadium 4 und darüber hinaus (innere Kompetenz) bedeutend größer als die Anzahl der Männer. Nur 16 % der Männer in der Testgruppe sind über Stadium 3 hinausgelangt, verglichen mit 26 % der Frauen.

Normal-Stadium nach Geschlecht

	Männer	Frauen
Stadium 1	8 %	9 %
Stadium 2	15 %	19 %
Stadium 3	61 %	46 %
Stadium 4	15 %	23 %
Stadium 5	1 %	2 %
Stadium 6		1 %

Auch das Alter war ein entscheidender Faktor – vermutlich aufgrund der unterschiedlichen Lebenserfahrung. Keine der Testpersonen jünger als 21 Jahre befand sich in Stadium 3 oder weiter.

- 14 % der Teilnehmer in der Altersspanne von 21-30 Jahren befanden sich in Stadium 4/5/6,
- 20 % der 31- bis 40-Jährigen und
- 31 % der 41- bis 50-Jährigen.
- 31 % in der Altersgruppe der 51 bis 60 und
- 19 % bei den über 61-Jährigen.

Normal-Stadium nach Alter

Alter	bis 20	21-30	31-40	41-50	51-60	61+
Stadium 1	33 %	11 %	9 %	9 %	6 %	13 %
Stadium 2		31 %	20 %	13 %	15 %	8 %
Stadium 3	67 %	44 %	51 %	47 %	48 %	60 %
Stadium 4		12 %	19 %	30 %	28 %	19 %
Stadium 5		1 %	0,5 %	0,6 %	3 %	
Stadium 6		1 %	0,5 %	0,4 %		

Obwohl diese Studie an einer relativ kleinen Gruppe (1.605 Männer und Frauen) durchgeführt wurde, zeigt sie schon, dass selbst bei berufstätigen Frauen und Männern in Industrie und Wirtschaft die Mehrzahl nicht über die Stadien der äußeren Kompetenz hinauskam. 77,8 % befinden sich in den Stadien 1, 2 und 3. Das bedeutet, dass weniger als 25 % aus ihrer inneren Kompetenz heraus leben.

Stadium	Prozent	Stadium	Prozent
Stadium 1	9,1 %	Stadium 4	21,1 %
Stadium 2	17,8 %	Stadium 5	0,9 %
Stadium 3	50,5 %	Stadium 6	0,6 %

Stadium 4: Kompetenz durch Reflexion
(Die Reise nach innen: Gott neu entdecken)

Merkmale

Beim Übergang zu Stadium 4 geschieht eine bedeutende Veränderung unserer Einstellung. Aus Festhalten wird Loslassen, Freiheit und Schenken im Überfluss. Unser Kompetenz-Potenzial ist nicht länger begrenzt: Unsere Kraft, Bedeutung und Ausstrahlung kommen von innen und können uns daher nicht genommen werden. Wenn uns etwas ganz sicher gehört, sind wir frei, es mit anderen zu teilen. Wir können andere bevollmächtigen, ohne dass dadurch unsere eigene Kompetenz geschmälert wird.

Der Übergang vollzieht sich vom „Tun" auf das „Sein", wobei die Frage der Identität sich nicht mehr darauf bezieht, was ich tue, sondern was ich bin. Erfolgs-Orientiertheit beginnt einer Sinn-Orientiertheit zu weichen.

Identität:
Wer ich bin

In diesem Stadium entwickeln wir uns gewöhnlich zu kompetenten, selbstsicheren, reflektierten Menschen und guten, zu erfahrenen Mentorinnen, die sich ihres persönlichen Stils bewusst sind. Entscheidungen werden in Stadium 4 aufgrund persönlicher Werte getroffen und nicht, um es anderen recht zu machen (Stadium 2) oder um an unserer Machtposition festzuhalten (Stadium 3). In dieser Phase geschieht die Integration von Glauben und Arbeit, und ein eigener, persönlicher Stil wird entwickelt.

Überzeugungen und Gefühle

- Andere suchen sich mich als Mentorin aus.
- Ich bin fest entschlossen, bei meiner Tätigkeit und in meinem Verhalten meine Integrität zu wahren, ungeachtet der Konsequenzen.
- Es ist mir wichtiger, mir selbst treu zu bleiben als den Erwartungen meines Arbeitgebers zu entsprechen.
- Ich stelle fest, dass die Symbole des Erfolgs mich nicht mehr in dem Maße motivieren wie zuvor.
- Im Team arbeite ich gern mit anderen zusammen, obwohl es leicht wäre, die Führungsposition zu übernehmen.
- Ich habe gelernt, Fehler und Schwächen einzugestehen, ohne mich selbst herabzusetzen.
- Ich werde zum Umdenken über mein Leben und meine Arbeit motiviert.
- Ich kann meine Überzeugungen vertreten, ohne meine Werte zu kompromittieren.
- Ich bin anders als die Frau, die ich früher war.
- Ich habe es nicht mehr nötig, meine Unabhängigkeit zu betonen.

Hindernisse

In Stadium 4 stoßen wir auf eine Art „Mauer".

Um zu Stadium 5 vorzudringen, müssen wir diese Mauer überwinden. Dies wird uns jedoch nicht gelingen, wenn folgende Ursachen uns daran hindern: das Ignorieren der Notwendigkeit, einen Sinn im Leben zu finden; die Weigerung, unser Ego loszulassen; eine lähmende Desorientierung oder zwanghafte Selbstzweifel.

Führungsstil in Stadium 4

Dies ist das Stadium, in dem wir zu echten Führungspersönlichkeiten heranreifen – anstatt lediglich Führungspositionen zu besetzen. Menschen akzeptieren uns als Leitbilder, anstatt sich uns unterzuordnen, weil sie sich dazu verpflichtet fühlen. Unser Ruf, fair zu sein und stets ein offenes Ohr zu haben, eilt uns voraus, unabhängig davon, ob wir uns in einer Autoritätsposition befinden oder nicht. Janet Hagberg:

Obwohl viele in Stadium 2 und Stadium 3 Führungspositionen innehaben, beginnt die Entwicklung einer echten Führungspersönlichkeit in Stadium 4. Hier handelt es sich um Menschen, die wissen, was es heißt, einer Integritätskrise ins Auge zu sehen. Es ist keineswegs so, dass es Menschen in Stadium 2 oder 3 an Integrität mangelt, doch wenn sie in ihrem Tätigkeitsbereich Krisensituationen gegenüberstehen, ist die Frage der Integrität dabei nicht das Wichtigste. Das Ziel der Menschen in Stadium 2 ist, die Personen zufrieden zu stellen, denen gegenüber sie sich verantworten müssen; das Ziel der Menschen in Stadium 3 ist, an ihrer Autoritätsposition festzuhalten, um ihre eigenen Ziele zu erreichen.[5]

In Stadium 4 dagegen sind wir darauf bedacht, *das Richtige* zu tun – das, was auf lange Sicht am besten oder gerechtesten ist. Wir sind nicht von unmittelbaren Erfolgen abhängig, sondern es ist unser Anliegen, Qualität und Effektivität zu bewahren. Wir schaffen eine Umgebung, die es anderen ermöglicht, sich zu entwickeln, Neues auszuprobieren, Risiken einzugehen, sich besser kennenzulernen und dabei auch Fehler machen zu dürfen. In diesem Stadium zeigen wir ein echtes, fürsorgliches Interesse an anderen.

Unsere Selbstachtung ist nicht abhängig von unserem Erfolg. Wir handeln nicht aus Furcht oder um unser Ego zu befriedigen. In schwierigen Situationen flüchten wir uns nicht in einen traditionellen, autoritären Führungsstil. Und wir müssen unseren Wert nicht unter Beweis stellen, indem wir für alles eine Lösung bereit haben.

Solche Führungspersönlichkeiten sind ausgezeichnete Mentorinnen.

Geistliche Entwicklung

Von außen mag es so scheinen, als ob wir in Stadium 4 unseren Glauben verlieren. Dabei entdecken wir in Wirklichkeit Gott in einer neuen, tieferen Dimension. Gott ist nicht mehr beschränkt auf unser einseitiges, enges Glaubensverständnis, sondern darf nun wirklich unser Herr sein und die Herrschaft über unser Leben übernehmen. Wir sind in der Lage, Widersprüchliches anzunehmen und Unsicherheit zu erlauben. Dies ist die Chance, Urteilsfähigkeit zu entwickeln und unseren Willen dem Willen Gottes zu unterstellen.

■ Mein Gottesbild ist anders als früher.

■ Mein Glaubensverständnis verändert sich.

■ Ich kenne die bohrende Frage nach dem Sinn in meinem Leben.

■ Ich suche nach Führung anstatt nach Antworten.

■ Ich habe die Gewissheit über das Leben verloren, die ich einst hatte.

Mentoring in Stadium 4

Mentoring in Stadium 4 schließt die Vorbereitung auf die Konfrontation mit der genannten „Mauer" mit ein. Wir brauchen Fragen, die zu persönlicher Einkehr und zum Nachdenken in der Stille führen und die das Reflektieren über unser Sein, unsere Integrität und unsere Werte anregen. Wir brauchen Gelegenheiten, Dinge auszuprobieren, die einen Wandel in unserem Denken bewirken und die Ermutigung anderer, unsere Verwundbarkeit anzunehmen.

Mentoring-Ziele sind unter anderem: der Angst des Loslassens zu begegnen; Dingen ins Auge zu sehen, die uns lähmen und in der Entwicklung behindern; geistliche Anleitung zu suchen; die Widersprüchlichkeiten zu erkennen, dass die Wertvorstellungen, zu denen wir uns bekennen, nicht mit denjenigen übereinstimmen, nach denen wir tatsächlich leben.

Die Mauer als Schwelle zur Veränderung

Der Prozess des Übergangs zu Stadium 5 erfordet das Durchdringen der Mauer. Hier begegnen wir unserem Ego, das uns beherrscht – oftmals in Gestalt einer Krise.

Die Krise kann der Verlust des Arbeitsplatzes sein oder der Verlust eines geliebten Menschen, eine zerbrochene Beziehung, gesundheitliche Probleme, die Konfrontation mit der eigenen Sterblichkeit oder eine Glaubenskrise. Oder das Erreichen des Gipfels des Erfolges und die Erfahrung der Leere. Wir meinen, wir hätten immer noch alles im Griff und seien in der Lage, unser Leben selbst in die Hand zu nehmen, doch die Mauer zwingt uns, loszulassen.

Für manche Menschen kann die Mauer-Erfahrung sehr lange dauern. Für andere besteht sie aus einer wiederholten Konfrontation.

Merkmale

Die Mauer kann beides sein: ein großer Verlust und ein großer Gewinn. Sie beinhaltet sowohl Trauer und Schmerz als auch Freude und Hochgefühl. Wir brauchen Mut, um die Mauer zu überwinden und in unbekanntes Terrain vorzudringen, anstatt in die bekannten Gefilde des Erfolgs zurückzukehren. Wir brauchen Mut, um uns von unserem Ego zu lösen und uns auf den Prozess der Veränderung einzulassen, bei dem wir nicht wissen, wohin er uns führen wird. Dies ist die Zeit, in der wir lernen, uns nicht vom Kopf, sondern von unserem Herzen lenken zu lassen. Die Zeit, loszulassen, anstatt alles selbst in die Hand nehmen zu wollen. Die Zeit, einen Blick in unser Innerstes zu tun und dabei auch die ungeliebten Eigenschaften zu akzeptieren.

Überzeugungen und Gefühle

- Ich bin mir meiner dunklen Seiten bewusst.
- Ich lerne, mein innerstes Wesen anzunehmen.
- Ich bin von Schmerz erfüllt.
- Ich sehe meinen schlimmsten Ängsten ins Auge.
- Ich habe den Eindruck, dass mir die Herrschaft über mein Leben entgleitet.

Geistliche Entwicklung

Menschen beschreiben ihre Mauer-Erfahrung als tiefen Brunnen, als Abgrund, als langsame Abwärtsspirale, als finsteren Tunnel, als Grube, als Gefängniszelle, dunkle Nacht oder tiefes Tal. All diese Vergleiche sind richtig, doch die Mauer ist ebenso eine Chance der Heilung, wenn wir uns dem Gott überlassen, der allein Heilung schenken kann.

- Gott scheint zeitweise unendlich fern.
- Ich habe das Gefühl, dass mein Wille dem Willen Gottes widerspricht.
- Ich staune über neue Einsichten.
- Die alten Antworten greifen nicht mehr.

Hindernisse

Die Mauer hält uns gefangen, wenn wir Angst haben, Schmerz zuzulassen und wenn wir an unserem eigenen Willen festhalten und die Herrschaft über unser Leben nicht aus der Hand geben wollen, da wir fürchten, dass wir zu viel zu verlieren haben.

Mentoring als Hilfe beim Überwinden der Mauer

Wir können die Mauer nicht aus eigenem Willen bezwingen, denn das hieße, wir hätten immer noch alles selbst in der Hand. Der einzige Weg, die Mauer zu überwinden, ist das Loslassen. Wir brauchen Hilfe, um zu lernen, die Dinge aus der Hand zu geben und uns von unserer Ichbezogenheit zu lösen. Hilfe, um zu lernen, in Gemeinschaft mit anderen zu leben und Gottes Ziele für unser Leben zu erkennen und an ihnen festzuhalten, komme, was wolle. Hilfe, um Frieden zu finden, indem wir die Suche nach dem Selbst aufgeben, in Gott eine neue Sicherheit gewinnen und bereit sind, den Preis des Gehorsams zu zahlen.

Mentorinnen können uns helfen:

- über die intellektuelle Ebene unseres Glaubens hinaus eine enge, vertrauensvolle Beziehung zu Gott zu entwickeln
- alle Facetten unseres Selbst zu erkennen und anzunehmen und unsere tiefsten Wünsche wahrzunehmen
- Weisheit und Licht in dunklen Zeiten erkennen
- zu verstehen, dass Leid eine Chance zum Wachstum bedeutet
- zu entdecken, wofür unser Herz schlägt und verantwortungsbewusst zu handeln
- durch innere Heilung unser Ganzsein anzustreben
- an Heilung zu glauben, bevor sie geschieht
- Ängsten ins Auge zu sehen und Mut zu entwickeln
- Urteilsfähigkeit zu erlangen
- Widersprüchlichkeit zu akzeptieren
- uns Zeit für uns selbst zu nehmen
- Sinn und Ziel für unser Leben zu finden

Wichtig: An dieser Stelle brauchen wir eine Mentorin, die selbst die Mauer überwunden hat, die uns zuhört, unterstützt und Gelegenheiten bietet, Widersprüchlichkeiten und unbekanntes Terrain in einem geschützten Raum auszuloten. Wir brauchen die Gewissheit, dass das Überwinden der Mauer eine lebensverändernde Erfahrung bedeutet.

Die vorangehende Studie zeigt, dass die Anzahl potenzieller Mentorinnen für dieses Stadium ziemlich gering ist. Eine mögliche Lösung wäre, sich mit anderen zusammenzuschließen, die sich in einer ähnlichen Situation befinden, und sich gegenseitig zu begleiten und zu stützen.

Dies war meine eigene Erfahrung, als ich zum ersten Mal mit der Mauer konfrontiert wurde. Obwohl ich berufstätig war und an einer Schule unterrichtet hatte, bevor meine Kinder geboren wurden, geschah es in der Zeit der Familienpause, dass ich meine Kompetenz zu entwickeln begann und eine Identität entdeckte, die sich darauf gründete, was ich tat (Stadium 3). Ich hatte damals eine verantwortungsvolle Position in der Gemeinde, korrigierte Essays für eine Professorin an der Universität, leitete den Jugendchor und rief einen Handglockenchor ins Leben. Ein Symbol der Leistung, das viel für mich bedeutete, war der Erfolg meines Handglockenchors bei einem Musikfestival. Mein Chor hatte nämlich eine bessere Bewertung bekommen als derjenige meines ehemaligen Handglocken-Lehrers. Dies scheint heute völlig unbedeutend, doch damals war ich unglaublich stolz auf meine Leistung.

Ich stand am Anfang der Entwicklung einer Identität außerhalb meiner Rolle als Ehefrau und Mutter. Ich nahm mein Studium wieder auf, lernte Französisch und begann, als Teilzeitkraft zu unterrichten. Ich führte ein schönes Leben. Dann wurde mein Mann aus heiterem Himmel in eine andere Stadt in einem weit entfernten Teil des Landes versetzt, wo ich niemanden kannte. Ich fühlte mich wie ein Baum, den man entwurzelt und mit abgesägten Ästen an einen unbekannten Standort versetzt hatte. Alles, woraus ich meine Identität geschöpft hatte, war mir genommen worden. Ich wusste nicht mehr, wer ich war. In der Kirche hörte ich in allen Liedern, die gesungen wurden, den Klang der Handglockenmelodien, kämpfte mit den Tränen und verließ mehr als einmal hastig den Raum. Eines Tages legte eine Frau ihren Arm um meine Schulter und sagte: „Ich weiß, wie weh ein Umzug tun kann." Ich konnte nicht antworten, ohne dass mir erneut die Tränen kamen, aber noch in derselben Woche besuchte ich sie. Daraus entstand etwas: eine Gruppe von acht Frauen – jede von uns in einer Krisensituation –, die sich in den nächsten drei Jahren regelmäßig traf. Gemeinsam tauschten wir uns aus, beteten füreinander und erfuhren Wachstum und Heilung.

Der erste Schritt zur Heilung war die Feststellung, dass der Verlust der Dinge, von denen ich dachte, dass meine Identität von ihnen abhinge, in Wirklichkeit ein Geschenk war. Dadurch war ich in der Lage, zu sehen, dass meine Identität nicht auf den Dingen beruhte, die ich tat, sondern auf meiner Beziehung zu Gott. Mir wurde klar: Wäre ich nicht gezwungen worden, all das Erreichte „im Dienst für Gott" aufzugeben, so viel Freude es auch machte, und Gott auf einer anderen, tieferen Ebene zu erfahren, ich wäre nicht bereit gewesen für die nächsten Mauer-Erfahrungen.

Nun hatte ich zwar meine wahre Identität erkannt, aber es folgten weitere Krisen, die schmerzlich waren und die mir sinnlos erschienen, doch die sich im Nachhinein als große Chance erwiesen.

Ich hatte damals ein Pflegekind, bei dem ich an meine Grenzen stieß – und auf die Unmöglichkeit, das Leben eines Menschen „in Ordnung zu bringen". Ich wurde mir der Realität des Dämonischen bewusst und der Notwendigkeit der geistlichen Kampfführung. Angesichts der Trauer über mein Gefühl des Versagens konnte ich schließlich meine „Fähigkeiten" und „Unfähigkeiten" loslassen und sie Gott übergeben – und erfahren, dass Gott mich trotz all meiner Unzulänglichkeiten gebrauchen kann.

Die Operation meines Mannes am offenen Herzen war die Mauer-Erfahrung, die mich zwang, über die Quelle meiner Sicherheit nachzudenken. Lag sie in meiner Beziehung zu meinem Ehemann oder in meiner Beziehung zu Gott? Und ich fand erst dann Frieden, als es für mich keinen Zweifel mehr gab, dass mein Mann im Leben und im Sterben in Gottes Hand war – und ich genauso, ob mein Mann lebte oder starb, in Gottes Hand war.

Es war die Geburt unseres ersten Enkelkindes zwei Monate später, die mich dazu brachte, meine Werte zu hinterfragen. Durch die Tatsache, dass die Kleine mit Down-Syndrom geboren wurde, musste ich feststellen, dass ich unwissentlich die Werte der Gesellschaft übernommen hatte, und dass ich Gottes Wertvorstellungen vom Leben und von der Liebe wieder neu entdecken musste.

(Dies war vor 17 Jahren. Mein Mann ist gesund und am Leben. Alicia ist ein entzückender Teenager. Und wir alle sind in Gottes Hand!)

Die Pflege meiner Mutter, die an der Alzheimer-Krankheit litt, öffnete mir die Augen dafür, dass Gott viel größer ist als unsere Krankheiten und unser Intellekt. Und selbst wenn meine Mutter die meiste Zeit über nicht wusste, wer sie war, wusste Gott, wer sie war. Er kannte sie und liebte sie.

Heute scheint es einfach, diese Ereignisse in Kürze zu schildern, doch die Mauer-Erfahrungen waren weder kurz noch angenehm. Doch ich habe daraus gelernt, dass Gott treu ist und uns in dunklen Zeiten nicht allein lässt, und dass wir durch den Prozess verwandelt werden. Wenn keine Frau als Mentorin zur Verfügung steht, die selbst die Mauer überwunden hat, dann seien Sie offen für die stille Einladung anderer Frauen, sich zusammenzuschließen und den Prozess gemeinsam zu bewältigen.

Ich bin ganz sicher, dass Gott uns unsere Mauer-Erfahrungen nicht umsonst machen lässt. Es geschieht in den schweren Zeiten, dass unser „Kopfwissen" seinen Platz im Herzen findet. An der Mauer (oder tief unten im Tal) gewinnen wir an Weisheit und Erkenntnissen – was wir brauchen, um andere auf ihrem Weg durch das Tal zu begleiten.

Stadium 5: Kompetenz durch Sinnerfüllung (Die Reise nach außen: Sich Gottes Sache hingeben)

Merkmale

Wenn wir Gott erlauben, uns durch die Mauer zu führen, damit wir Stadium 5 erreichen können, werden wir Veränderung erfahren. Dann werden wir in der Lage sein, uns selbst anzunehmen und zu in sich ruhenden, demütigen, zutiefst geistlichen Menschen werden, die eine Sicht für die Zukunft haben, ihr Lebensziel kennen und andere großzügig an ihren Erfahrungen und ihrer Macht und ihren Möglichkeiten teilhaben lassen.

Diese neue Identität erfüllt uns mit einer Berufung, ruft uns in den Dienst. Wir haben ein echtes Interesse am Wohl unserer Nächsten – sie zu lieben, ihnen zu dienen, sie zu fördern und zu stärken. Wir leben in einer Gemeinschaft, in der wir voneinander lernen, anstatt in einer, die uns vorgibt, wer wir sind und was wir glauben. In Stadium 2 brauchen wir unsere Gruppe als Spiegel, um herauszufinden, wer wir sind. Die Gemeinschaft besteht zu unserem Nutzen. In Stadium 5 dagegen schätzen wir die anderen um ihrer selbst willen. Wir teilen das Leben mit ihnen in gegenseitigem Geben und Nehmen. Wir dienen anderen ganz selbstverständlich, ohne daran zu denken, dass wir dienen – ein Grund, weshalb es in diesem Stadium selten zum Burn-out-Syndrom kommt.

Identität: Wem kann ich dienen?

Unsere Kompetenz ist keine Leihgabe, wir erhalten sie nicht durch andere. Stattdessen beruhen Geben und Nehmen auf Gegenseitigkeit. Unser Identitätsverständnis geht über das „Ich" hinaus und wird zu einem „Ich in der Gemeinschaft von anderen".

Scheuen Sie sich nicht, jemandem in Stadium 5 Ihre Anerkennung auszusprechen!

Überzeugungen und Gefühle

- Ich habe ein Lebensziel, das über meine eigenen Bedürfnisse und die Belange meiner Organisation hinausgeht.
- Ich bin überzeugt, dass mir meine Kompetenz unbegrenzt zur Verfügung steht.
- Ich habe Kraft und Durchhaltevermögen, die über meine eigenen Kräfte hinausgehen, um Krankheit oder Krisen zu überstehen.

■ Ich erlebe, dass mir die richtigen Worte gegeben werden oder die
Fähigkeit, für jemanden da zu sein.

Hindernisse

Obwohl es in Stadium 5 kein Stagnieren in diesem Sinne gibt, können
andere von uns den Eindruck gewinnen, wir hätten das Gefühl für praktische Dinge verloren und würden uns nicht mehr um die „wichtigen"
Angelegenheiten kümmern.

Hindernisse, um zu Stadium 6 („Gott ist alles") vorzudringen, können
sein: ein Mangel an Glauben; mangelnde Bereitschaft, mit Widersprüchlichkeiten zu leben oder Notwendiges loszulassen.

Führungsstil in Stadium 5

Führungspersönlichkeiten in Stadium 5 sind dienende Persönlichkeiten.
Unser Hauptanliegen ist, andere zu bevollmächtigen, damit sie ihre
Bestimmung im Leben finden können. Wir sind unentbehrlich für eine
Organisation, doch wir fühlen uns dort vielleicht nicht mehr am richtigen Platz, da unsere Vision über das Greifbare und Unmittelbare hinaus
auf das Nicht-Greifbare und Zukünftige ausgerichtet ist: auf Liebe, Ge-
rechtigkeit und Frieden.

Führungspersönlichkeiten in Stadium 5 begegnen ihren Mitarbeitern
mit einer wohlwollenden Akzeptanz, die ihnen die Freiheit gibt, ihre
Ängste und Unsicherheiten zu überwinden.

Geistliche Entwicklung

Stadium 5 ist das Stadium, in dem wir uns und unsere Ziele ganz Gott überlassen. Langfristige Planung wird ersetzt durch das Warten darauf, dass der Herr uns den nächsten Schritt zeigt. Wir sind auf unsere äußere Umgebung ausgerichtet, doch ausgehend von einer neuen, gefestigten Mitte.

- Ich beginne zu ahnen, welches Ziel (Berufung, Ruf, Dienst) Gott für mein Leben hat.
- Ich lebe aus einer inneren Stille heraus.
- Ich kann verwundbar sein und mich trotzdem sicher fühlen.
- Ich habe die Gewissheit, dass Gott mich kennt.
- Ich verbringe gern Zeit in der Stille mit Gott.
- Ich kann anderen aus echter Liebe zu ihnen dienen.
- Ich kann gut allein sein.
- Das Wesentliche sind für mich nicht mehr die Gaben Gottes, sondern seine Gegenwart.

Mentoring als Hilfe beim Übergang zu Stadium 6

Um von Stadium 5 zu Stadium 6 zu kommen, brauchen wir die Bereitschaft, den Widersprüchlichkeiten des Lebens ohne Angst zu begegnen. Wir brauchen geistliche Tiefe und die Fähigkeit, alles zu loszulassen, um etwas viel Größeres zu gewinnen.

Mentoring-Ziele sind hier: Verbissene Bestrebungen aufgeben und Entfaltung zulassen; innere Tiefe; Gott in allen Facetten des Lebens erkennen; Erfüllung in der Berufung finden; Zufriedenheit aus der eigenen Ganzheit schöpfen und in großen Zusammenhängen denken.

Stadium 6: Kompetenz durch Weisheit
(Das Leben der Liebe: Gottes Liebe widerspiegeln)

Merkmale

Wer Stadium 6 erreicht hat, erfährt viel Widersprüchliches: In diesem Stadium sind wir von einer tiefen Zufriedenheit erfüllt und zugleich erschüttert über das Leiden der Welt. Wir setzen uns dafür ein, das Leid anderer zu lindern und können gleichzeitig unser eigenes Leid annehmen, ohne uns als Märtyrer zu sehen. Wir haben einen großen Einfluss auf das Leben anderer, ziehen es aber vor, nicht im Rampenlicht zu stehen.

Ein Merkmal von Stadium 6 ist die Fähigkeit zur Selbstaufopferung. Wer in diesem Stadium ist, durchdringt mit seiner Fähigkeit seine ganze Umgebung auf eine Weise, die Menschen berührt.

> *Identität: Ich denke nicht an mich, sondern an andere.*

Menschen in Stadium 6 sind losgelöst von weltlichen Dingen und Stress. Sie haben keine Angst vor dem Tod, und ihre bloße Gegenwart berührt uns in der Tiefe unseres Wesens.

Überzeugungen und Gefühle

- Ich bin Gott vollkommen treu.
- Ich bin losgelöst von Dingen.
- Ich liebe meine Feinde.
- Ich würde für Gott alles aufgeben.
- Mein Leben wird vom Feuer des Heiligen Geistes verzehrt.

Keine Hindernisse

In Stadium 6 sind wir wirklich frei. In den Augen anderer mögen wir weltfremd erscheinen, uns selbst nicht wichtig genug nehmen, unsere Bedürfnisse vernachlässigen, zu viele Opfer bringen und unser Leben vergeuden.

Führungsstil

In Stadium 6 streben wir keine Führungsposition an, sondern wir leben authentisch, unserem Lebensziel gemäß, erfüllt von innerem Frieden und Weisheit. Dadurch vermitteln wir anderen das Vertrauen, dass es nichts gibt, wovor sie Angst haben müssten und nichts, wonach sie verbissen zu streben bräuchten.

Zusammenfassung der einzelnen Stadien

Wenn ich vorwiegend das kollektive „Wir" verwendet habe, geschah dies aus Gründen der Einheitlichkeit und nicht, um zum Ausdruck zu bringen, dass ich selbst sämtliche Stadien durchlaufen habe. Untersuchungen auf diesem Gebiet zeigen, dass nur sehr wenige Menschen jemals Stadium 6 erreichen.

Der *Wert* des Mentoring besteht darin, dass dabei ein zielgerichteter Prozess in Gang gesetzt wird, der unserem biblischen Auftrag gerecht wird, einander zu stärken und zu tragen. Mentoring wird jeder Organisation zugute kommen und dazu beitragen, dass Mitarbeiter in Zukunft den Anforderungen auf der Führungsebene besser gewachsen sind.

Die *Vision:* Mentoring bewirkt, dass wir selbst und unsere Mentees den Übergang von der äußeren zur inneren Kompetenz vollziehen, dass wir nicht für Gott arbeiten, sondern unser Leben und unsere Arbeit ganz in Gottes Hände legen; dass wir von einer krampfhaft alles festhaltenden zu einer freien und im Überfluss schenkenden Persönlichkeit werden. Anstatt andere zu brauchen, können wir sie lieben. Anstatt an unserer Macht festzuhalten, können wir sie mit anderen teilen. Dies ist der Prozess der Verwandlung, und wir sind aufgerufen, daran teilzuhaben. Das Ziel einer Mentorin ist, die Entwicklung eines Menschen fördernd zu begleiten, der danach seinerseits jemanden begleitet – sodass auf diese Weise eine Kettenreaktion entsteht.

Es bedarf der Menschen, die sich verändert haben und anders handeln, wo immer sie sich befinden, die ihre Mitmenschen anders behandeln, die andere Fragen stellen, die Richtlinien hinterfragen, die unermüdlich an der Lösung von Problemen arbeiten, die eine Vision haben und die im Interesse anderer handeln. ... Nur jemand, der selbst eine Veränderung erfahren hat, kann anderen helfen, sich zu ändern, und gemeinsam werden sie zur Veränderung von Organisationen und Ländern beitragen.[6]

Kommentare zur Zusammenfassung:

- Mentorin sein oder Mentoring in Anspruch nehmen kann man in jedem Stadium, doch der Schwerpunkt wird jeweils ein anderer sein. In Stadium 5 wird Mentoring zum Bestandteil des Lebensstils.
- Die Übergänge zwischen den einzelnen Stadien sind fließend, und wir bewegen uns regelmäßig zwischen ihnen hin und her.
- Wir können mehr als ein Stadium gleichzeitig erfahren.
- Stadien 1, 2 und 3 sind Stadien der äußeren Kompetenz.
- Stadien 4, 5 und 6 sind Stadien der inneren Kompetenz.
- Wer sich in den Stadien 1-3 befindet, kann Kenntnisse vermitteln (Coaching), als Lehrender Informationen weitergeben und Verhaltensänderungen begleiten.
- Wir behalten unsere aus früheren Stadien erworbenen Stärken, wenn wir zum nächsten Stadium kommen. Wer sich in Stadium 5 befindet, wird noch dieselben Fähigkeiten haben, die er in Stadium 3 entwickelt hat. Er mag genau dieselben Dinge tun – doch er handelt aus einer anderen Entwicklungsebene heraus.
- Menschen in Stadium 4 sind gute Mentorinnen und Mentoren und erleben, dass andere das Gespräch mit ihnen suchen.
- Menschen in Stadium 4 und höher werden gebraucht, wenn es um persönliche Integrität und Fragen der Persönlichkeitsfindung geht.
- Für Menschen in Stadium 5 ist Mentoring so sehr zur zweiten Natur geworden, dass sie in ihrem Umfeld immer Menschen ausfindig machen werden, die sie begleiten können.
- Menschen in Stadium 6 üben allein durch ihre Persönlichkeit einen Einfluss auf andere aus.
- Wenn ich mein Stadium kenne, kann ich:
  - gezielter nach der Unterstützung fragen, die ich brauche.
  - mich besser auf die Bedürfnisse meines Gegenübers einstellen.
  - mein eigenes Wachstum und das Wachstum anderer realistischer einschätzen.

- gezieltere Fragen stellen – Fragen, die zum entsprechenden Stadium gehören und weiterbringen.
- den Wachstumsprozess bewusster verfolgen und fördern.
- entscheiden, welcher Schwerpunkt des Mentoring gefragt ist, und dann entsprechend handeln.

Mit diesen grundsätzlichen Informationen als Hintergrund wird es uns leichter fallen, unser Normal-Stadium zu ermitteln. Ebenso werden wir im Umgang mit anderen Menschen leichter feststellen können, in welchem Stadium sie sich befinden. Die Frage, die sich dann stellt, lautet: „Wie kann ich jemanden am besten begleiten?" oder „Wer könnte mich begleiten?"

	STADIUM 1	STADIUM 2	STADIUM 3
PERSÖNLICHE KOMPETENZ[7]	Kompetenzlosigkeit	Kompetenz durch Gemeinschaft	Kompetenz durch Leistung
Führungsstil	Rücksichtslosigkeit, Manipulation	Normen und Regeln	Persönliche Überzeugung
Leiter in diesem Stadium ...	... lösen Ängste aus	... bewirken Abhängigkeit	... vermitteln Leistungsorientiertheit
Merkmale	Sicherheitsdenken und Abhängigkeit von anderen; geringes Selbstwertgefühl; Unkenntnis; hilflos, aber nicht hoffnungslos	Anpassung an die Gruppe; Lernen der Regeln; Abhängigkeit von Vorgesetzten oder Gruppenleitern; neue Selbsterkenntnis	Reife Persönlichkeit; realistisch; konkurrenzbetont; fachkundig; ehrgeizig
Motivation zur Veränderung	Selbstwertgefühl; Erweiterung von Fachkenntnissen	Größeres Selbstvertrauen; Eingehen von Risiken	Erwerb von Integrität
Hindernisse	Angst	Sicherheitsbedürfnis	Herrschaftsbedürfnis; Unkenntnis der eigenen Blockaden

Kompetenz durch Reflexion	Die MAUER ist die Schwelle zur Veränderung. Sie erfordert Mut.	**Kompetenz durch Sinnerfüllung**	**Kompetenz durch Weisheit**
Integrität und Vorbildfunktion	Der einzige Weg, sie zu überwinden, ist, sich dem Willen Gottes zu unterstellen.	Andere stärken	Weisheit
... vermitteln Hoffnung und innere Sicherheit		... sind dienende, liebende Persönlichkeiten	... sind erfüllt von innerem Frieden
Reflektiertheit / Verwundbarkeit; Teamfähigkeit; innere Stärke; Sicherheit in Bezug auf den persönlichen Stil; gute Mentoring-Qualitäten; echte Führungspersönlichkeit	Merkmale sind: Unbehagen, Hingabe an Gott, Heilung, gesteigertes Bewusstsein, Vergebung, Annahme, Liebe, Nähe zu Gott, Urteilsfähigkeit, Fähigkeit zur Stille, Reflexion, Veränderung durch Loslassen, Annehmen unserer dunklen Seiten, Vordringen zu unserem Innersten, eine innige Beziehung zu Gott zu finden, einen Einblick in Gottes Weisheit zu erhalten.	Selbstannahme; Mut; innere Ruhe; eine Sicht für die Zukunft; Demut; großzügige Weitergabe der eigenen Macht an andere; Sicherheit, was die eigene Berufung angeht	Selbstaufopferung; hohe ethische Ziele; Fähigkeit, mit Widersprüchlichkeiten zu leben; keine Angst vor dem Tod; innere Ruhe im Dienst; Mitgefühl für die Welt; Dazugehörigkeit
Loslassen des Egos; Mut zur Konfrontation mit der Angst		Eins werden mit Gott	Ein vom Heiligen Geist durchdrungenes Leben
Kein Lebensziel; Unfähigkeit, sich vom Ego zu lösen		Mangel an Glauben; Weigerung, bestimmte Dinge aufzugeben	Menschliche Einschränkungen

	STADIUM 1	STADIUM 2	STADIUM 3
GEISTLICHE ENTWICK-LUNG	**Das Erkennen Gottes: Gott entdecken**	**Das Leben in der Nachfolge: Mehr von Gott erfahren**	**Das Leben im Dienst: Für Gott aktiv sein**
Merkmale	Gefühl der Ehrfurcht; Gefühl, Gott zu brauchen; Begegnung mit Gott in der Natur; Sinnfindung im Leben; Gefühl der Unschuld	Sinn durch Dazugehörigkeit; Antworten bietet der Leiter oder das Glaubenssystem; Überzeugung, das Richtige zu glauben; Sicherheit im Glauben	Besondere Stellung in der Gemeinschaft; Verantwortung; Wert durch Leistungssymbole; Erreichung eines geistlichen Zieles
Motivation zur Veränderung	Dazugehörigkeitsgefühl; Selbstannahme; Selbstwertgefühl	Risiken eingehen; Erkennen meiner Einzigartigkeit, meiner Gaben und wie ich sie einsetzen kann	Loslassen des Erfolgsdenkens; Verwundbarkeit zulassen
Hindernisse	Gefühl der Wertlosigkeit; Unkenntnis; Märtyrerdenken; geistliche Leere	„Wir" gegen „die Anderen", Gruppen-Arroganz; starre Regeln	Übereifer; Egozentrik; Ausrichtung des Lebens auf Leistung; übersättigt vom eigenen Erfolg

STADIUM 4	DIE MAUER	STADIUM 5	STADIUM 6
Die Reise nach innen: Gott neu entdecken		Die Reise nach außen: Sich Gottes Sache hingeben	Das Leben der Liebe: Gottes Liebe widerspiegeln
Suche nach Orientierung anstatt nach Antworten; Verlust dessen, was man im Leben und Glauben als sicher ansah; Gott in einer tieferen Dimension begegnen; scheinbarer Verlust des Glaubens		Fähigkeit, unser Umfeld mit neuen Augen wahrzunehmen; Wiederentdecken der bedingungslosen Liebe und Annahme Gottes; Berufung oder Ruf in einen bestimmten Dienst; tiefe, innere Ruhe; Trachten danach, was anderen zum Besten dient	Christusgleiches Leben in völligem Gehorsam Gott gegenüber; Weisheit; Mitgefühl; Leben aus der Fülle; Abkehr von materiellen Dingen und von Stress
Gottes Ziel für unser Leben erkennen und annehmen; bereit sein, den Preis des Gehorsams zu zahlen		Gott in allen Lebensbereichen erkennen; tieferes Wachstum erfahren	Hingabe an Gott
Zerstörerische Selbstkritik		mangelnde Bereitschaft, mit Widersprüchlichkeiten zu leben	Keine. In den Augen anderer eine scheinbare Vergeudung des Lebens.

Wer kann Mentorin oder Mentor sein?

Merkmale einer guten Mentorin bzw. eines guten Mentors

Studien über die Merkmale erfolgreicher Führungskräfte ergaben, dass *Schlüsselerlebnisse* – sowohl schöne als auch schwere – und *andere Menschen* die beiden wichtigsten Faktoren für ihre Entwicklung sind. Dabei erwies es sich am fruchtbarsten, wenn es *eine Vielfalt* an Rollenmodellen und an Mentoren mit unterschiedlichen Stärken, Führungsstilen oder Kenntnissen gab. Wichtig dabei: Auch Familienmitglieder, Lehrer, Vorgesetzte und sogar Gleichaltrige können Mentoren oder Mentorinnen sein. Im Grunde sind wir alle Mentoren und erfahren Mentoring, wenn nicht offiziell, dann inoffiziell. Doch diesen Vorgang mit dem Wort „Mentoring" zu bezeichnen, kann einschüchternd wirken. Und so machen wir oft gerade dann einen Rückzieher, wenn unser Engagement am meisten gebraucht und geschätzt würde.

Wir denken, wir müssten alles perfekt im Griff haben, um jemanden als Mentorin begleiten zu können, und schrecken deshalb von vornherein davor zurück. Dabei wird jeder, der schon einmal einen Mentor oder eine Mentorin hatte, bestätigen, dass es ganz andere Dinge sind, die das Mentoring so wertvoll machen: die Zeit, die sich jemand für uns nimmt; dass jemand an uns glaubt; die Gabe, Verwundbarkeit und Ehrlichkeit zu zeigen; und die Gelegenheit, nicht nur aus den Stärken und Erfolgen zu lernen, sondern auch aus Schwächen und Fehlern!

Obwohl der Schwerpunkt des Mentoring von den jeweiligen Bedürfnissen der Mentee (siehe Kapitel 1) und ihrem jeweiligen inneren Stadium (siehe Kapitel 2) abhängen wird, gibt es einige allgemeine Merkmale für erfolgreiches Mentoring. Eine Mentorin soll:

- lieben – Akzeptanz ausdrücken
- dienen – Verwundbarkeit und Demut zeigen
- lehren – Wissen vermitteln
- konfrontieren – Widersprüchliches aufdecken und inneres Wachstum fördern
- bestätigen – Begabungen erkennen und das Selbstwertgefühl stärken
- echt sein – Vertrauen und Verlässlichkeit fördern

Jeder, der lieben, dienen, lehren, konfrontieren, bestätigen und echt sein kann, kann eine Umgebung schaffen, in der Vertrauen entstehen und Wachstum geschehen kann – und somit die Rolle eines Mentors oder einer Mentorin übernehmen. Je nach Lebenssituation brauchen wir Mentoren, die uns ermutigen – Mutmacher, „Gnadenlichter" („Grace-Giver") – oder uns ermahnen – „Mahner", die uns die Wahrheit sagen („Truth-Teller").

Mutmacher („Grace-Giver") begegnen uns als Freunde, die uns anspornen, ermutigen, die gute Zuhörer sind und uns mit ihrem Rat zur Seite stehen. Der Schwerpunkt liegt dabei auf dem Prozess. Mutmacher sind ein Geschenk. Wir alle brauchen die Erfahrung der Gnade, Freundlichkeit und Zuwendung.

Mahner („Truth-Teller") begegnen uns als Lehrer oder Supervisoren, indem sie uns Aufgaben übertragen und uns mitteilen, was sie beobachtet haben. Der Schwerpunkt liegt hier auf dem Ergebnis, weniger auf dem Prozess. Auch Mahner sind ein Geschenk. Um wachsen und reifen zu können, brauchen wir Menschen in unserem Leben, bei denen wir sicher sein können, dass sie offen sagen, was sie denken – und denen wir so wichtig sind, dass sie uns in Liebe die Wahrheit sagen, auch wenn es manchmal nicht leicht ist.

Frauen als Mentorinnen

Neueste Forschungsergebnisse zeigen, dass Frauen in Stress-Situationen anders reagieren als Männer. Männer neigen im Allgemeinen dazu, sich in sich zurückzuziehen, während Frauen die Gemeinschaft anderer suchen, sich auf persönlicher Ebene mitteilen und Geborgenheit suchen.

Dieses unterschiedliche Verhalten scheint die Folge einer chemischen Reaktion auf Stress zu sein. Die Ausschüttung des Hormons Oxytozin bewirkt bei Frauen, dass sie sich um die Kinder kümmern und sich mit anderen Frauen zusammenschließen können, anstatt aggressiv zu werden oder sich durch Flucht zu entziehen – die beiden üblichen Reaktionen auf Stress-Situationen. Durch das beschützende und freundschaftliche Verhalten der Frauen wird noch mehr Oxytozin produziert, was wiederum dem Stress entgegenwirkt und eine beruhigende Wirkung hat.

Der Grund, weshalb dies bei Männern nicht der Fall ist, scheint zu sein, dass das männliche Hormon Testosteron die Wirkung von Oxytozin hemmt, während das weibliche Hormon Östrogen die Wirkung von Oxytozin steigert.[8]

Diese natürliche Antwort der Frauen auf Stress könnte erklären, warum mehr Frauen als Männer in Stadium 2 stehen bleiben – denn dies ist die Umgebung, in der Frauen sich wohl fühlen.

Sie kann auch der Grund dafür sein, weshalb sich Mentoring beim Einzug der Frauen in die Welt der Unternehmen und Chefetagen verändert hat. Die Art und Weise, in der Mentoring in der Arbeitswelt funktionierte, war gewöhnlich diese: Ein männlicher Mitarbeiter in leitender Position sucht sich eine jüngere Ausgabe seiner selbst – jemanden, der auf der Karriereleiter mehrere Sprossen unter ihm steht – als Protegé und fördert ihn als Sponsor, indem er ihm Zugang zu Projekten und Aufgaben ermöglicht, die seiner Karriere förderlich sind. Beim Mentoring ging es also vorwiegend um Beziehungen und Sympathien zwischen zwei Menschen, die vieles gemeinsam haben.

Heutzutage sind Frauen auf allen Ebenen der Berufswelt präsent und stellen fest, dass das herkömmliche Mentoring-Modell für sie nicht funktioniert. Sie können sich nicht darauf verlassen, dass Männer sich Frauen als Protegés aussuchen und haben kein gesteigertes Interesse daran, auf Golfplätzen oder beim Tennis persönliche Kontakte „zielgerichtet" zu vertiefen. Doch sie haben das Bedürfnis nach Begegnung und Austausch, und sie finden daher im Mentoring mit den organisierten Treffen oder auch Veranstaltungen und Foren den nötigen Informationsaustausch und den entsprechenden Rahmen.

Durch die Art, wie Frauen Mentoring verstehen, ist Mentoring inzwischen auch „mehr" als das Protegieren oder die Förderung innerhalb einer Firmen- oder sonstigen Hierarchie.

Mentoring von Frauen beinhaltet[9]:

Mehr ...	Weniger ...
Engagement	Sympathie oder Antipathie
Wachstum und persönliche Entwicklung	Beförderungen und Bevorzugung
Lerninhalte	Machtstrukturen
Förderung der Einzigartigkeit	Erstellung einer Kopie nach demselben Muster

Frauen begegnen Situationen mit einer Stärke, die oft als Schwäche ausgelegt wird, die aber in Wirklichkeit genau die Eigenschaften verkörpert, die unsere Gesellschaft zusammenhalten und eine wachstumsfördernde Umgebung schaffen. Weibliche Stärken sind unter anderem:

- Verwundbarkeit
- Beziehungsorientierung
- Vermittlung von Fürsorge, Geborgenheit
- Kooperation
- Kreativität

All dies sind Qualitäten, die eine gute Mentorin ausmachen. Frauen haben keine Angst, Verwundbarkeit zu zeigen. Wir Frauen gehen auf Menschen zu, knüpfen Beziehungen, finden Wege, mit anderen zusammenzuarbeiten und nutzen unsere Kreativität beim Lösen von Problemen. Mentoring ist eine Aufgabe, bei der es um die fürsorgliche Förderung von Menschen geht, eine Aufgabe mit vielen Facetten, die sowohl den Stärken der Mentorin als auch den verschiedenen Bedürfnissen derjenigen entsprechen, die Mentoring suchen.

Bei aller Anerkennung weiblicher Stärken dürfen wir nicht vergessen, wie wertvoll es ist, wenn wir sowohl Frauen als auch Männer als Mentoren haben. Wir sollten zuerst auf die Qualitäten achten, nicht auf das Geschlecht.

Wer kommt für mich als Mentorin oder Mentor in Frage?

Die Suche nach einer Mentorin/einem Mentor

Viele Frauen stellen sich nicht als Mentorinnen zur Verfügung, weil sie sich anderen nicht aufdrängen wollen. Leider verleugnen wir mit dieser Einstellung den biblischen Auftrag, in Gemeinschaft und gegenseitigem Geben und Nehmen zu leben. Wenn wir Fürsorge und Förderung von anderen erfahren, werden wir selbst besser für andere sorgen und sie fördern können. Wir können geben, weil wir empfangen haben. Und wenn wir uns weigern zu empfangen, werden wir bald nichts mehr zu geben haben.

Die wichtigste Eigenschaft einer Mentee ist die Bereitschaft, Neues zu lernen. Mit einer Mentorin können wir viel gewinnen – an Weisheit, Kontakten, Verständnis, Einblicken und Fertigkeiten. Wesentliche Dinge, für die wir sonst vielleicht ein ganzes Leben lang gebraucht hätten. In der Begleitung können wir immer wieder neue Perspektiven entdecken: Wenn wir mit Mentoren reflektieren, was wir erleben und erfahren, sehen wir manches noch einmal in einem neuen Licht – eine Gelegenheit zu lernen und zu wachsen. Wenn wir das erlebt haben, können wir anderen die Chance dazu bieten.

Wenn Sie eine Mentorin suchen, machen Sie zuerst eine Bedarfsanalyse:

- Für welche Bereiche (siehe Kapitel 1) suche ich eine Mentorin?
- Wie würde ich mein gegenwärtiges Normal-Stadium in Bezug auf die Stadien der persönlichen Kompetenz (siehe Kapitel 2) beschreiben und was brauche ich zur Weiterentwicklung?
- Wo stehe ich in meiner geistlichen Entwicklung (siehe Kapitel 2) und welche Hilfe brauche ich, um meine Beziehung zu Gott zu vertiefen?

Nachdem Sie sich diese Fragen gestellt haben, überlegen Sie, wer für die jeweiligen Bereiche die richtige Person sein könnte.

Denken Sie daran, dass es sinnvoller ist, mehrere Mentoren zu haben, als von einer einzigen Person zu erwarten, dass sie alle Ihre Mentoring-Bedürfnisse erfüllen kann.

> *Erfolgreiche Menschen sehen in jedem, der Ihnen helfen kann, einen potenziellen Mentor.*
> Crosby, leitender Direktor der Uncommon Individual Foundation

Mentoring ist beziehungsorientiert. Dabei dürfen wir nicht vergessen, dass es sich selten um nur *eine* Beziehung handeln wird. Wir müssen vielmehr eine Mentoring-Mentalität entwickeln, – eine Denkweise, die uns erlaubt, von allen möglichen Leuten zu lernen. Suchen Sie sich unterschiedliche Menschen, um in unterschiedlichen Bereichen Ihres Lebens zu wachsen, je nachdem, welche Fertigkeiten, Charaktereigenschaften oder Kenntnisse Sie auf dem Weg zu Ihrer Weiterentwicklung benötigen.

Manche Frauen suchen eine Mentorin, mit der sie eine starke emotionale Bindung eingehen können. Andere sind mehr interessiert an der Kompetenz einer Mentorin, und Zuwendung oder Trost spielen eine eher untergeordnete Rolle. Die Realität zeigt, dass die Suche nach jemandem, der genauso ist wie ich, nicht besonders Erfolg versprechend ist. Viel sinnvoller ist es, sich nach einer Mentorin umzuschauen, die mich durch ihr ganzes Wesen herausfordert und fördert – sei es auf persönlicher oder fachlicher Ebene.

Scheuen Sie sich nicht, nach den besten Leuten zu suchen, und erleichtern Sie es ihnen, Zeit mit Ihnen zu verbringen, indem Sie ihnen auf praktische Weise entgegenkommen. So können Sie zum Beispiel Ihrer Mentorin anbieten, sie jeden Freitag zur Arbeit zu fahren und sie pünktlich und mit ihrem Lieblingskaffee abholen. Sie können sie zu einer Vortragsveranstaltung fahren und die Zeit im Auto für Gespräche nutzen. Sie können sich mit ihr vor Ort treffen, anstatt von ihr zu erwarten, dass sie zu Ihnen kommt. Seien Sie kreativ, wenn es um Zeiten und Orte geht. Wenn ein Telefonanruf realistischer ist, fragen Sie sie, wann es ihr am besten passen würde. Halten Sie sich an den vereinbarten zeitlichen Rahmen und vergessen Sie nicht, im Nachhinein noch einmal Ihren Dank auszudrücken.

Seien Sie nicht schüchtern – fragen Sie die Besten!

Behandeln Sie Ihre Mentorin wie eine fantastische Quelle, aus der Sie schöpfen können – doch heben Sie sie nicht in den Himmel. Und erwarten Sie nicht von ihr, dass sie eine Expertin auf allen Gebieten ist.

Bei der Suche nach einer Mentorin kann es hilfreich sein, sich folgende Fragen zu stellen. Die Antworten können ein Fingerzeig sein, wer für Sie eine geeignete Mentorin sein könnte.

- Wer hat mir schon einmal einen Spiegel vorgehalten, um mir zu zeigen, was ich zuvor nicht sehen konnte?
- Wer hat mir Denkanstöße gegeben und mich motiviert, eine neue Richtung einzuschlagen?
- Welche Frau hat mich am eigenen Erfahrungsschatz teilhaben lassen, was Weisheit, Lebenserfahrung und Lektionen angeht, die sie durch ihre eigenen Krisen gelernt hat?
- Wer hat als Sponsorin für mich fungiert? Wer war ein Vorbild für mich? Wer hat mich angeleitet, mir wahre Jüngerschaft vorgelebt, mich in einem neuen Verantwortungsbereich begleitet und mir Selbstvertrauen verliehen?

Wenn sich aus diesen Fragen keine Liste von Möglichkeiten ergibt, gehen Sie nach folgendem Plan vor:

- Seien Sie aktiv in einer Gemeinschaft, in der Sie sich angenommen fühlen.
- Seien Sie kreativ und loten Sie *alle* Möglichkeiten aus, beginnend mit der nahe liegendsten. Erstellen Sie eine Liste sämtlicher Leute in Ihrem Einflussbereich. Beginnen Sie mit Ihrer Familie, Ihren Freunden, Kollegen, Leuten aus der Gemeinde, Nachbarn, ehemaligen Lehrern oder Professoren, Menschen, die Sie durch gemeinsame sportliche Aktivität oder eine ehrenamtliche Arbeit kennen gelernt haben. Unter ihnen könnte irgendjemand sein, der genau die Person kennt, die Sie suchen.

> *Das Entscheidende ist nicht, wen Sie kennen, sondern wer die Person kennt, die Sie kennenlernen müssen.*

- Als Nächstes ermitteln Sie die Bereiche, für die Sie Mentoring suchen, und fragen Sie alle Leute, die Sie kennen, ob sie jemanden empfehlen können, der über Charakter, Glaubwürdigkeit und besondere Stärken auf diesem Gebiet verfügt.
- Gehen Sie den Empfehlungen nach. Nicht alle Ihrer Anfragen

werden zum gewünschten Resultat führen. Lassen Sie sich nicht entmutigen – und geben Sie nicht auf! Die lebensverändernden Ergebnisse sind es wert.

Da Mentoring so wichtig ist, müssen wir Wege finden, um es in die Tat umzusetzen.

Für wen kann ich Mentorin sein?

Die Suche nach einer Mentee

Mentoring heißt, in andere zu investieren. Daher ist es der erste Schritt, mein Kapital, das ich investieren kann, einzuschätzen.

Als potenzielle Mentorin sollte ich folgende Fragen wahrheitsgetreu beantworten:

- Wo liegen meine Stärken? Wo stoße ich an meine Grenzen? Welches sind meine Gaben?
- Welche Ressourcen kann ich anderen bieten? Welche Erfahrungen habe ich in meinem Leben gemacht und was habe ich aus ihnen gelernt?
- Welche Arten des Mentoring (vgl. Kapitel 1) kann ich für andere anbieten?
- Bin ich von Natur aus eher ein „Mutmacher" („Grace-Giver") oder ein „Mahner" („Truth-Teller")?
- Wo sehe ich mich im Kreis der Stadien der persönlichen Kompetenz? In welchem Stadium stehe ich in meiner geistlichen Entwicklung?
- Bin ich bereit, gemeinsam mit meiner Mentee zu wachsen?
- Was bin ich bereit zu geben? Was bin ich bereit zu empfangen?

Nachdem Sie eine Bestandsaufnahme Ihrer Ressourcen gemacht haben, können Sie mit der Suche nach einer Mentee beginnen.

- Seien Sie aufmerksam gegenüber stummen Schreien um Hilfe.
- Bleiben Sie einladend und offen für Gespräche.
- Seien Sie sensibel dafür, ob die Leute vielleicht annehmen, Sie seien ohnehin zu beschäftigt. Die meisten Anfragen werden nicht direkt, sondern vorsichtig herantastend gestellt.

Entschließen Sie sich zu einer sorgfältigen Vorbereitung. Suchen Sie sich Ihre Mentee wohlüberlegt aus. Halten Sie Ausschau nach einer Frau, von der sie glauben, dass sie wirklich von Ihrem Input profitieren kann.

Wer passt zusammen?

Eine Beziehung, bei der Mentorin und Mentee zueinanderpassen, ist für die Vermittlung von Kenntnissen nicht unbedingt notwendig, obwohl es von Vorteil sein kann. Eine Übereinstimmung ist jedoch dann wichtig, wenn Mentoring verstärkt Gespräche auf der persönlichen Ebene beinhaltet. Von besonderer Bedeutung ist hierbei eine Übereinstimmung der Wertvorstellungen. Wenn die Ziele der Mentee mit den Werten der Mentorin unvereinbar sind, wird auch die Beziehung keine Früchte tragen. Eine Mentorin kann, wenn sie ihre Integrität wahren will, niemanden darin unterstützen, eine Verhaltensweise, Lebenseinstellung oder Fertigkeit zu entwickeln, die ihrer eigenen Glaubensüberzeugung grundsätzlich widerspricht.

Eine Warnung zum Schluss

Achten Sie darauf, Grenzen einzuhalten. Es empfiehlt sich meistens nicht, für eine Freundin seelsorgerliche oder geistliche Begleitung zu sein, ebensowenig wie mit einer Mentorin oder einer Mentee Geschäfte zu machen.

Tabelle zur Hilfestellung: Wie finde ich eine Mentorin?

Welches sind meine Bedürfnisse? Wo stehe ich in meiner Entwicklung?

Ich suche nach ...	Ja	weiß nicht	Nein
■ einem Coach	❏	❏	❏
■ einer Sponsorin	❏	❏	❏
■ einer Lehrerin	❏	❏	❏
■ einer Seelsorgerin	❏	❏	❏
■ einer Jüngerschafts-Begleiterin	❏	❏	❏
■ einer geistlichen Begleiterin	❏	❏	❏
■ einem Vorbild	❏	❏	❏

Ist diese Person eine Frau, ...			
■ die in dem betreffenden Bereich Kompetenz aufweist?	❏	❏	❏
■ der ich in Bezug auf diesen Lebensbereich vertrauen kann?	❏	❏	❏
■ von der ich gerne lernen würde?	❏	❏	❏
■ die mir etwas zutraut und bereit ist, in mich zu investieren?	❏	❏	❏
■ die selbst noch dazulernt und sich weiterentwickelt?	❏	❏	❏
■ die mit mir ehrlich sein wird?	❏	❏	❏
■ die aufgeschlossen und transparent ist?	❏	❏	❏
■ die mir helfen kann, meinen Lebenstraum zu definieren?	❏	❏	❏
■ die mir helfen kann, diesen Traum in die Tat umzusetzen?	❏	❏	❏
■ deren Terminplanung mit der meinigen vereinbar ist?	❏	❏	❏
■ die Lernprozesse fördern kann?	❏	❏	❏
■ die Integrität besitzt?	❏	❏	❏
■ die auf mich als einzigartiges Individuum eingehen wird?	❏	❏	❏
■ die sich nicht scheut, mich mit schwierigen Fragen zu konfrontieren?	❏	❏	❏
■ deren Anliegen es ist, dass ich mein Ziel erreiche?	❏	❏	❏

Wenn es schwerfällt, diese Fragen zu beantworten, suchen Sie ein klärendes Gespräch mit Ihrer potenziellen Mentorin, bevor Sie bestimmte Wünsche äußern. Vergessen Sie bitte nie, dass nicht jeder alle Eigenschaften in sich vereinen kann. Und nur Sie können entscheiden, welche Kriterien für die Bereiche, für die Sie Mentoring wünschen, am wichtigsten sind.

Tabelle zur Hilfestellung: Wie finde ich eine Mentee?

Ist diese Person eine Frau, ...	Ja	weiß nicht	Nein
■ in der ich ein Potenzial erkenne?	❑	❑	❑
■ mit der ich gerne Zeit verbringen würde?	❑	❑	❑
■ die lernfähig ist?	❑	❑	❑
■ die sich in meiner Gegenwart wohlfühlt – und sich nicht in meiner Gegenwart eingeschüchtert fühlt?	❑	❑	❑
■ der ich etwas zutrauen kann?	❑	❑	❑
■ die Selbstmotivation an den Tag legt?	❑	❑	❑
■ die sich weiterentwickeln will?	❑	❑	❑
■ die diszipliniert genug ist, Dinge zu Ende zu führen?	❑	❑	❑
■ deren Wertvorstellungen und Ziele ich voll und ganz unterstützen kann?	❑	❑	❑
■ die bereit ist, sich auch mit schwierigen Fragen auseinanderzusetzen?	❑	❑	❑

Auch hier gilt: Wenn es Ihnen schwerfällt, diese Fragen zu beantworten, suchen Sie ein klärendes Gespräch, bevor Sie eine langfristige Mentoring-Beziehung eingehen.

Auch hier werden wahrscheinlich nicht alle der aufgeführten Merkmale auf eine Person zutreffen. Und es ist Ihre Aufgabe, zu entscheiden, welche Kriterien für Sie wichtig sind, und danach die Bereitschaft dieser Person zum Mentoring einzuschätzen. Berücksichtigen Sie dabei, wie viel Kraft und Zeit Ihre potenzielle Mentee in die eigene Entwicklung investieren kann und möchte, so dass Ihr Engagement in ihrem Leben zum Segen werden kann.

Effektives Mentoring – leicht gemacht

Nachdem Sie sich für eine Mentoring-Beziehung entschieden haben, stellt sich die Frage: „Wie gehen wir am besten vor?"

In diesem Kapitel, das sich an Mentorinnen richtet, möchte ich den Prozess – anhand von Checklisten, Tipps und praktischen Ideen – „entmystifizieren" und Ängste zerstreuen.

Doch auch für Mentees enthält dieses Kapitel vieles, was den Lernprozess fördern und zum inneren Wachstum beitragen kann. Sie können sich mit Ihrer Mentorin über das Gelesene austauschen und werden danach, was Ihre Bedürfnisse betrifft, gezieltere Fragen stellen können.

Wie gehe ich dabei vor?

Grundsätzlich gilt für alle Mentoring-Arten (Sponsoring, Coaching, Lehre, Jüngerschaft, seelsorgerliche Beratung oder geistliche Anleitung) dieselbe Vorgehensweise. Worin sie sich unterscheiden, ist der Schwerpunkt ihrer Begegnungen, deren Intensität und der zeitliche Rahmen, in dem sie stattfinden. Die einzelnen Schritte hingegen sind sehr ähnlich.

1. Das Pflegen einer gesunden Beziehung
2. Das Schaffen einer Umgebung, in der Vertrauen wachsen kann
3. Das Schaffen einer Struktur, die für beide geeignet ist

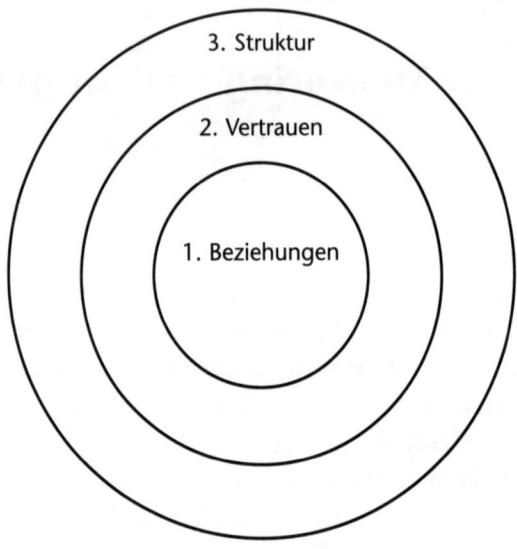

Die drei Schritte werden in dieser Reihenfolge umgesetzt, doch sie greifen in der Realität ineinander. Die Einigung auf bestimmte Strukturen hilft, eine vertrauensvolle Umgebung zu schaffen, und Vertrauen ist notwendig für eine gesunde Beziehung. Folglich beenden wir nicht erst den einen Schritt und gehen dann zum nächsten über, sondern alle Schritte erfolgen gleichzeitig.

Schritt 1: Das Pflegen einer gesunden Beziehung

Persönliche Vorbereitung

Wie wir bereits wissen, ist Mentoring

> *ein auf zwischenmenschlicher Beziehung basierender Prozess,*
> *bei dem*
> *Wissen und Erfahrungen weitergegeben werden,*
> *um*
> *das Potenzial des Gegenübers zur vollen Entfaltung zu bringen.*

Gesunde Beziehungen sind notwendig, damit inneres Wachstum stattfinden kann.

Wer gesunde Beziehungen eingehen und pflegen will, muss zuerst einmal sich selbst kennen. Eine realistische Selbstwahrnehmung ist eine grundsätzliche Voraussetzung für den Aufbau gesunder Beziehungen, und sie erfordert gezielte Selbstreflexion.

Selbsterkenntnis

Für eine Mentorin ist es notwendig, sich selbst richtig einzuschätzen. Sie sollte ihre eigenen Stärken und Grenzen kennen und danach leben, ohne sich selbst etwas vorzumachen. Nur wenn Sie sich selbst verstehen und annehmen, werden Sie in der Lage sein, sich ganz und gar auf Ihr Gegenüber einzustellen und eine gute Zuhörerin zu sein, wenn es um die Bedürfnisse, die Geschichte und die Probleme einer anderen Person und ihren Wunsch nach innerem Wachstum geht.

Wir können niemanden zu einer Entwicklungs- oder Verständnisebene führen, die höher ist als unsere eigene. Dies gilt sowohl für die geistliche Entwicklung als auch für das Erlernen einer Fertigkeit.

In der Bibel lesen wir:

Schätzt euch nicht höher ein, als euch zukommt. Bleibt bescheiden, und maßt euch nicht etwas an, was über die Gaben hinausgeht, die Gott euch geschenkt hat (Römer 12,3).

Oft verstehen wir den ersten Teil dieser Textstelle als Verurteilung von Stolz und geraten dann ins andere Extrem, indem wir uns selbst abwerten. Das Gegenteil einer zu hohen Meinung von sich selbst ist nicht eine zu geringe Meinung von sich selbst, sondern eine nüchterne, ehrliche Selbsteinschätzung. Das Verständnis, wer wir sind – geschaffen nach dem Ebenbild Gottes, vom Heiligen Geist mit Gaben ausgestattet, geliebt vom Vater, erlöst durch den Sohn, bestimmt für die Herrlichkeit, in die Gemeinschaft gerufen – hilft uns, uns mit Leib und Seele als Mentorin zur Verfügung zu stellen. Wenn wir unsere Einzigartigkeit begreifen, was unsere geistlichen Gaben, Fähigkeiten und Talente angeht, unsere Chancen und Begrenzungen, die wir durch die Geschichte und aufgrund unserer persönlichen Lebenserfahrung erworben haben, wird es uns leichter fallen, zu erkennen, was wir zu geben haben.

Wenn wir dabei sind, uns selbst zu entdecken und einzuschätzen, spielen viele Aspekte mit: Persönlichkeitstyp, Stadien der geistlichen Entwicklung, Stadien der persönlichen Kompetenz, Stärken, Lernstil, Leitungsstil, geistliche Gaben, emotionale Intelligenz usw. (siehe Anhang 1). Doch der Schlüssel für die Brauchbarkeit dieser Hilfsmittel ist die Selbstreflexion. Das bedeutet: Stellen Sie dieselben Fragen, die Sie auf Ihre Mentee bezogen stellen würden, auch für sich.

Mentorinnen sollten sowohl „Mutmacher" als auch „Mahner" sein. Aber da nur wenige Menschen beide Starken in sich vereinen, ist es hilfreich, den eigenen Stil zu kennen und gleichzeitig um die Notwendigkeit zu wissen, auch die andere Seite zu entwickeln, damit ein sinnvolles Gleichgewicht entsteht und wir in Liebe ermahnen können.

Natrium ist ein sehr aktives Element, das normalerweise nur in Verbindung mit anderen Elementen vorkommt. Chlor dagegen ist das giftige Gas, das

Bleichmitteln ihren beißenden Geruch verleiht. Die Verbindung aus Natrium und Chlor ist Natriumchlorid – Tafelsalz –, also die Substanz, die Fleisch haltbar macht und hilft, seine volle Würze zu entfalten. Mit der Gnade und der Wahrheit verhält es sich manchmal wie mit Natrium und Chlor: Gnade ohne Wahrheit kann dazu verleiten, zu denken, es käme nicht so darauf an, welche Wertvorstellungen wir haben und wie ernst wir es damit meinen. Die nackte Wahrheit dagegen kann hart und verletzend, manchmal sogar schädlich sein. Wahrheit ohne Gnade kann zerstörerisch sein. Wenn Wahrheit und Gnade in einer Mentoring-Situation eine Verbindung eingehen, wird es uns gelingen, die Würze des Lebens zu bewahren und seine ganze Fülle zu entfalten.[10]

Bei der Suche nach einer Mentorin müssen wir stets berücksichtigen, dass jede Mentorin ihren eigenen Stil hat. Wenn wir nun nur nach den „Mutmachern" Ausschau halten, hören wir vielleicht nie eine unbequeme Wahrheit, die wir hören müssen. Wenn wir immer nur die „Mahner" aufsuchen, entgeht uns vielleicht eine Ermutigung, die wir dringend bräuchten und die zu unserer Veränderung nötig wäre. Wichtig ist, dass stets beide Aspekte in der Mentoring-Beziehung ihren Platz haben.

Fragen, die Sie sich stellen sollten

- Auf wen kann ich zählen, wenn ich eine ordentliche Portion Ermutigung brauche und jemanden, der mir zuhört?
- Begegne ich mir selbst – und anderen – mit Gnade und Barmherzigkeit? Auf welche Weise?
- Wie kann ich dies tun, ohne gleichzeitig ungesunde Verhaltensweisen zu tolerieren?
- Bei welchen Menschen in meinem Umfeld kann ich sicher sein, dass sie mir offen die Wahrheit sagen?
- In welchen Bereichen in meinem Leben brauche ich einen „Mahner", jemanden, der mir offen die Wahrheit sagt?
- Wie kann ich aus einer bewussten Haltung heraus Beziehungen, in denen ich offen und ehrlich bin, knüpfen und pflegen?

- Bin ich denn mir selbst und anderen gegenüber offen? Ehrlich? Wie kann ich diese Fähigkeit auf gesunde Weise fördern?

Überschlagen Sie Einsatz und Ertrag
Als Mentorin werden Sie erwartungsgemäß:

- viel Zeit und Energie einsetzen

Andere Menschen zu fördern und mit dem Handwerkszeug auszustatten, das sie brauchen, ist keine leichte Aufgabe, und Sie werden viel Durchhaltevermögen brauchen. Mentoring ist eine der erfolgreichsten Methoden, um geistlich reife Christen und gute Führungskräfte heranzubilden, allerdings auch eine zeitaufwändige.

- viel Geduld brauchen

Mentoring ist nichts für Ungeduldige. Wir leben in einer Gesellschaft, die schnelle Ergebnisse sehen will. Doch der Prozess der Charakterbildung, der Entwicklung von Fertigkeiten und dem Vertrauen, nach unseren Wertvorstellungen zu handeln, braucht Zeit und Reife und lässt sich nicht erzwingen. Wir können den Prozess unterstützen, dürfen aber keine Sofort-Resultate erwarten. Wachstum braucht seine Zeit und geschieht manchmal in Schüben.

- manchmal auch enttäuscht werden

Mentoring kann entmutigend sein, denn es gibt keine Beziehung ohne gelegentliche Enttäuschungen. Und es kann äußerst frustrierend sein, mit anzusehen, wie vielversprechende Führungspersönlichkeiten zu einem Wachstumsstillstand kommen. Wenn sich jemand dafür entscheidet, keinen Schritt weiterzugehen – denken Sie daran, dass es lediglich Ihre Aufgabe ist, zu helfen, solange der Betreffende bereit zur Weiterentwicklung ist. Wenn er stehen bleiben will, können Sie sich immer noch über sein

Wachstum bis zu diesem Punkt freuen – und sich danach neuen Mentoring-Möglichkeiten zuwenden.

- sich eines lebenslangen Dienstes erfreuen

Menschen wachsen zu sehen, ist eine echte Freude. Und da niemand jemals der Notwendigkeit entwächst, seine Persönlichkeit zu entwickeln und seine Kenntnisse zu erweitern, bleibt der Bedarf an Mentorinnen und Mentoren bestehen. Mentoring ist ein Dienst, der keine berufsbezogenen, innerbetrieblichen oder -gemeindlichen Grenzen kennt, und somit werden Mentoren und Mentorinnen nie arbeitslos sein.

Das scheinbar langsame Tempo des Mentoring-Prozesses wird dadurch ausgeglichen, dass es für Menschen aller Altersstufen, Hautfarben und Nationalitäten und für alle Lebensbereiche gleichermaßen geeignet ist.

Checkliste für die persönliche Vorbereitung

- Beten Sie für die Person, die Sie begleiten werden, und für den gesamten Mentoring-Prozess.
- Seien Sie sich Ihrer Stärken bewusst.
- Seien Sie sich Ihres Mentoring-Stils bewusst.
- Seien Sie sich Ihres Stadiums der persönlichen Kompetenz bewusst.
- Seien Sie sich Ihrer selbst sicher genug, sodass Sie sich hinter keiner falschen Fassade zu verstecken brauchen.
- Reflektieren Sie Ihre eigenen Lebenserfahrungen und darüber, was Sie daraus gelernt haben.
- Bereiten Sie einige Fragen vor, um das Gespräch zu eröffnen.
- Seien Sie bereit, die Terminplanung Ihrer Mentee zu berücksichtigen, anstatt Ihrer eigenen den Vorrang zu geben.
- Seien Sie bereit zum Zuhören – hören Sie die Geschichte Ihrer Mentee und entdecken Sie ihre Stärken und Schwächen.
- Seien Sie bereit, andere dort abzuholen, wo sie stehen, und haben Sie realistische Erwartungen.

- Seien Sie sich bewusst, dass in Bezug auf Wachstum echtes Potenzial vorhanden ist, aber keine Garantie.
- Klären Sie Ihre eigenen Erwartungen, was den Prozess und die Beziehung angeht.

Das erste Treffen

- Entdecken Sie, was Ihrer Mentee wichtig ist. Wofür schlägt ihr Herz? Was hat für sie Priorität, in ihrem Privatleben und in ihrem Dienst?

Mentoring erfordert Zeit und Kraft. Vergewissern Sie sich, dass Ihre Mentee weiß, worauf sie sich einlässt, und dass ihr bewusst ist, dass es um Wachstum und Verbindlichkeit geht, und dass sie sich nicht scheuen darf, manchmal auch über ihren Schatten zu springen.

Wenn Sie beide bereit sind, weiterzumachen:

- Helfen Sie ihr, einen Aktionsplan zu erstellen, mit nach Prioritäten geordneten Zielen.
- Legen Sie die Ziele fest, bei denen Sie Unterstützung bieten können und wollen, und setzen Sie eine realistische Frist zur ihrer Erreichung. Der zeitliche Rahmen hängt von den entsprechenden Zielen ab.
- Erstellen Sie Richtlinien zur Verbindlichkeit *und* Verantwortlichkeit.
- Legen Sie fest, wie oft Sie sich treffen wollen und klären Sie, wie viel Zeit zur Verfügung steht, wer wann am besten zu erreichen ist, und sprechen Sie über Grenzen.
- Beten Sie um Gottes Führung in Ihrer Beziehung.
- Beginnen Sie, ein Vertrauensverhältnis aufzubauen.

Schritt 2: Eine Umgebung schaffen, in der Vertrauen wachsen kann

Der allerwichtigste Aspekt beim Aufbau einer Mentoring-Beziehung ist *Vertrauen (englisch: trust).*

- **Time** – Zeit. Hören Sie aktiv zu und geben Sie Feedback.
- **Respect** – Respekt. Respektieren Sie die Stärken und Erfahrungen des Einzelnen.
- **Unconditional** Positive Regard – Bedingungsloses, positives Interesse. Begegnen Sie Ihrem Gegenüber mit Offenheit, Anteilnahme und einer zuversichtlichen Einstellung.
- **Sensitivity** – Fingerspitzengefühl. Seien Sie sensibel gegenüber den Gefühlen, Bedürfnissen und Lebensumständen des anderen.
- **Teachable** – Offenheit und Bereitschaft, voneinander zu lernen.

Eine Umgebung, in der sich Vertrauen entwickeln und eine Lebensveränderung stattfinden kann, setzt drei Dinge voraus: Offenheit, eine gastfreundliche Haltung und Grenzen. *Offenheit,* um unser wahres Selbst zu offenbaren, *eine gastfreundliche Haltung,* um aufeinander zuzugehen, uns gegenseitig anzunehmen und uns gegenseitig Raum zu geben, sowie *Grenzen,* um beide Partner der Mentoring-Beziehung zu schützen.

Offenheit

Das Johari Fenster (siehe nächste Seite) ist eine gute Hilfestellung beim Thema Offenheit. Stellen Sie sich die Quadrate als Fenster vor, die teilweise von Gardinen verdeckt werden.

Das offene Fenster stellt dar, was Ihnen über sich selbst bekannt ist und was andere von Ihnen wissen, wie etwa Ihren Namen, Beruf, Haarfarbe, sichtbare Eigenheiten, was Sie glauben, welches Auto Sie fahren und so weiter.

Das Quadrat rechts oben symbolisiert, was andere über Sie wissen, wofür Sie hingegen blind sind. Sie nehmen den Klang Ihrer Stimme anders wahr, als andere sie hören. Sie wissen nicht, wie Sie auf andere Menschen wirken oder dass Ihr Make-up verwischt ist.

Das Quadrat links unten steht für die Dinge, die Ihnen bekannt sind, die Sie aber anderen noch nicht offenbart haben, wie zum Beispiel schmerzhafte Erfahrungen oder Ihr Lieblingsgetränk.

Und das Feld rechts unten repräsentiert die Dinge, die sowohl Ihnen als auch anderen verborgen sind – Dinge, die nur Gott wissen kann.

Beim Prozess des Kennenlernens geht es darum, das geöffnete Fenster zu vergrößern. Wenn Sie beginnen, den Vorhang zurückzuziehen, der die anderen Fenster bedeckt, wird mehr und mehr sichtbar werden. Indem Sie sich selbst öffnen, ebnen Sie für Ihr Gegenüber den Weg, dies auch zu tun. So entstehen Gelegenheiten zu Gesprächen und neuen Einsichten, die Ihrer Mentee helfen werden, ihren „Blinden Fleck" zu reduzieren. Wenn Sie Ihrerseits nachfragen, wie andere Sie wahrnehmen, werden Sie feststellen, dass Sie Ihre Selbstwahrnehmung steigern und für Ihre Mentee ein Beispiel sein können, indem Sie Verwundbarkeit zulassen.

Johari-Fenster

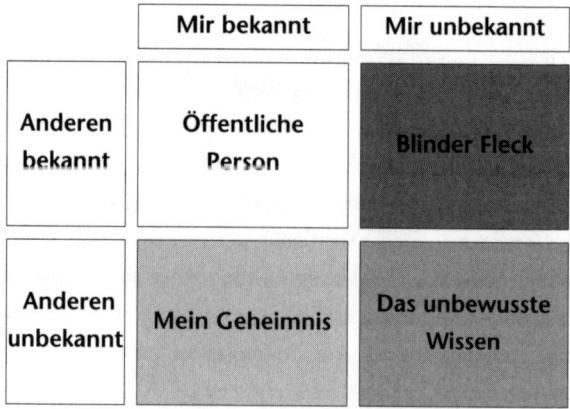

… indem wir offen über unsere Zweifel und Probleme sprechen
Zwei Wege führen zur Weisheit: Der Weg der eigenen Erfahrung und der
Weg über die Erfahrungen anderer. Mentorinnen können helfen, indem
sie eigene Erfahrungen weitergeben. Auf diese Weise fördern Sie Vertrauen – insbesondere, wenn Ihre Erfahrungen auch Ihre Fehler einschließen.

Denken Sie also nicht, Sie müssten die Fassade der erfolgreichen Frau
aufrechterhalten. Wir können anderen dienen, indem wir unsere Erfolgsstrategien weitergeben, aber genauso dadurch, indem wir ihnen erzählen,
wo wir versagt haben. Die meisten von uns haben aus eigenen Fehlern
gelernt und festgestellt, dass es viel weniger weh tut, aus den Fehlern anderer zu lernen!

Doch bitte zügeln Sie Ihr Mitteilungsbedürfnis. Ihre Erfahrungen sind
nur hilfreich, wenn sie auch kontextbezogen sind. Widerstehen Sie der
Versuchung, sich selbst in den Mittelpunkt des Gesprächs zu stellen und
die Zeit mit Ihren eigenen Geschichten auszufüllen. Hier geht es einzig
und allein um Ihre Mentee.

… indem wir ehrlich sind
Es ist nicht unser Erfolg, durch den andere Vertrauen zu uns fassen, sondern unsere Ehrlichkeit. Hier ist unsere Integrität gefragt: Wir sollen echt
sein, wir selbst sein – offen und transparent.

Wir wissen instinktiv, wenn jemand nicht ehrlich ist und wir jemandem nicht trauen können. Schon Kinder besitzen diesen Instinkt. Seien
Sie also ein Vorbild an Ehrlichkeit und teilen Sie sich offen mit. Dazu gehört auch, das Risiko einzugehen, eigene Gedanken und Gefühle preiszugeben, besonders solche, die in Gruppen oft nicht ausgesprochen werden, wie etwa Ängste und Sorgen. Machen Sie sich nicht größer und
nicht kleiner, als Sie sind. Zeigen Sie, dass Sie auch nur ein Mensch sind,
und geben Sie Fehler zu. Wenn Sie etwas nicht wissen, stehen Sie dazu
und bemühen Sie sich im Rahmen Ihrer Möglichkeiten, eine Antwort zu

finden. Wenn Sie das Risiko der Echtheit eingehen, werden Sie eine Atmosphäre schaffen, in der andere sich sicher fühlen.

... indem wir selbst dazulernen

Als Mentorinnen sind wir sowohl Lehrende als auch Lernende. Mentoring-Beziehungen sind keine einseitigen, hierarchischen Beziehungen. Auch wenn einer mehr Erfahrung besitzt als der andere, so ist die Anteilnahme am Leben des anderen von Gegenseitigkeit geprägt. Eine Mentorin hat daher die zusätzliche Aufgabe, auch ein Ja zum Einfluss Ihrer Mentee zu sagen. Auch dies lässt Vertrauen wachsen.

Gastfreundschaft im wörtlichen Sinn

Hier ist der Begriff „Gast-freundlich" im wörtlichen Sinn gemeint und damit nicht so sehr das Unterhalten und Bewirten, sondern vielmehr die Bereitschaft, andere in unser Leben einzuladen – ihnen Raum zu geben und einen Ort, an dem sie dazugehören.

Zu biblischen Zeiten war Gastfreundschaft „der Prozess, Außenstehende aufzunehmen, sodass sie von Fremden zu Gästen wurden. ... Da ein Fremder keinen rechtlichen Status innerhalb der besuchten Gemeinschaft hatte, war es unerlässlich, dass Fremde unter dem Schutz des Gastgebers als Schutzpatron standen."[11] Dies ist eine schöne Beschreibung des Mentoring-Prozesses – und hat nichts zu tun mit der üblichen „Gastfreundschaft", wenn wir Freunde oder Familienangehörige einladen und bewirten. Am Anfang der Mentoring-Beziehung mögen sich zwei Fremde gegenüber sitzen. Doch indem Sie andere in Ihre Welt einladen, Ihre Ressourcen mit ihnen teilen und zum Fürsprecher oder Schutzpatron in ihrem Wachstumsprozess werden, machen Sie aus Fremden willkommene Gäste.

Diese Art des „Raumschaffens für andere" setzt eine dienende Grundhaltung voraus. Diese Grundhaltung zeigt sich zuallererst darin, dass wir ...

... andere respektieren und wertschätzen

Wir zeigen Respekt, indem wir andere annehmen und aufnehmen, so wie sie sind.

Geizen Sie nicht mit Bestätigung, Wertschätzung, Anerkennung und Dank. Loben Sie in Gegenwart anderer. Ermutigen Sie. Vermitteln Sie Hoffnung. Würdigen Sie die Leistungen Ihrer Mentee.

Menschen spüren, wie andere sie wahrnehmen – unabhängig von dem, was gesagt wird – und reagieren darauf. Wenn sich jemand geschätzt und gewürdigt fühlt, wird er bestrebt sein, sein Bestes zu geben und das Richtige zu tun.

Indem wir anderen mit Respekt und Vertrauen begegnen, stärken wir sie, dass sie über sich hinauswachsen können.

> *Ein guter Leiter erreicht, dass andere ihm vertrauen; ein sehr guter Leiter erreicht, dass andere sich selbst vertrauen. Dieses Vertrauen wird geweckt, indem man andere ermutigt, ihnen etwas zutraut und sie eigenständig ihr Potenzial entfalten lässt, an ihren Erfolgen teilhat und ihnen Vertrauen entgegenbringt.*

... gute Zuhörer sind

Vertrauen erwächst aus der Demut des Zuhörens. Wenn ich den Eindruck habe, dass jemand sich nicht anmaßt, zu wissen, was in mir vorgeht, sondern bereit ist, mir geduldig zuzuhören, dann erzeugt dies Vertrauen in mir. Wenn jemand ein Urteil darüber fällt, was mir gut täte, ohne mich anzuhören, dann traue ich ihm auch nicht zu, dass er mir wirklich helfen kann. Aufmerksames Zuhören ist der Schlüssel zu einer vertrauensvollen Beziehung.

Üben Sie sich im aufmerksamen Zuhören, damit Sie richtig einschätzen lernen, welche Träume und Ängste, Hoffnungen und Bedürfnisse Ihre Mentee hat und welche Schwierigkeiten und Blockaden vorhanden sind.

Eine Mentorin kann durch gutes Zuhören zum Spiegel werden und anderen Frauen helfen, zu erkennen, was sie daran hindert, all das zu sein, wozu Gott sie geschaffen hat. Wenn das Verhalten oder die Arbeitsmoral einer Mentee nicht mit der vereinbarten Zielsetzung und Verbindlichkeit übereinstimmen, kann die Mentorin dies ansprechen – nicht als Vorwurf, sondern als einfache Beobachtung. Hier kommt die Verbindung von Gnade und Wahrheit zum Tragen.

Wir zeigen Gastfreundschaft und bieten unsere Freundschaft an, indem wir gute Zuhörer sind. Es bedeutet, andere einzuladen in einen Schutzraum, in dem sie sich sicher und verstanden fühlen – eine Umgebung, in der auch sie offen und ehrlich sein können.

... unser Netzwerk zur Verfügung stellen

Eine weitere Möglichkeit, Ihrer Mentee zu vermitteln, dass sie willkommen ist und dass Sie ihr in Ihrem Leben einen Platz einräumen, ist, sie an Ihrem Netzwerk teilhaben zu lassen. Auf diese Weise führen Sie sie in Ihren Einflussbereich ein und vertrauen ihr einen Teil davon an. Das ist ein echter Vertrauensbeweis!

Ihr Netzwerk besteht aus den Namen, Postanschriften, E-Mail-Adressen, Telefonnummern und dem Wissen um persönliche Stärken oder Interessen von formellen oder informellen Kontakten und zusätzlich von Leuten in deren Einflussbereich. Bei Fragen Ihrer Mentee, die Sie nicht beantworten können, sollten Sie sich umgehend fragen: „Wer in meinem Bekanntenkreis könnte hier weiterhelfen?"

Ihr Netzwerk macht einen wesentlichen Teil Ihres Wissens aus. Man braucht nicht alles zu wissen, solange man jemanden kennt, der es wissen könnte! Im Laufe der Jahre haben viele von uns ein großes Netzwerk an Kontakten aufgebaut, das viele verschiedene Bereiche abdeckt. Wir können für unsere Mentees neue Möglichkeiten erschließen, indem wir in ihrem Interesse jemanden anrufen, Kontaktinformationen weitergeben oder ein Treffen arrangieren – ein echtes Zeichen unseres Vertrauens.

... ein Sicherheitsnetz bieten, das Risiken ermöglicht

Mentorinnen sollen Mut machen, Risiken einzugehen, die ihre Mentees über ihren bisherigen Erfahrungshorizont hinausführen. Dies ist zunächst unbequem, doch es fördert das Wachstum und die Abhängigkeit von Gott. Vor allem wer von Stadium 2 unterwegs zu Stadium 3 ist, braucht diesen Mut zum Risiko. Viele benötigen allerdings zuerst ein Sicherheitsnetz – die Gewissheit, dass Sie helfend eingreifen werden, wenn die Dinge aus dem Ruder laufen. Die meisten von uns sehen einer neuen Aufgabe mit Unsicherheit entgegen – dies gilt für werdende Eltern genauso wie für frisch gebackene Pastoren. Und wir fragen uns: Werde ich der Situation überhaupt gewachsen sein? Auch hier kann Mentoring vertrauensbildend sein.

Wem das Wachstum einer Mentee am Herzen liegt, der möchte auch gemeinsame Erfolge feiern können.

... die Mentee im Gebet begleiten

Lassen Sie Ihre Mentee wissen, dass Sie regelmäßig für sie beten werden, und tun Sie es auch. Hier kann das Führen eines Gebetstagebuchs hilfreich sein.

... die gemeinsame Zeit mit der Mentee genießen

Lernen Sie, nicht nur miteinander zu beten, sondern auch miteinander zu lachen. Seien Sie offen dafür, den Humor in Ihrer Situation zu entdecken. Seien Sie offen für Überraschungen, und feiern Sie das Unerwartete. Gastfreundschaft bedeutet ganz einfach: Menschen willkommen heißen und sich ihrer Gegenwart erfreuen. Freuen Sie sich aneinander!

Grenzen

Sowohl Mentorinnen als auch Mentees brauchen schützende Grenzen. Wir können angemessene Grenzen setzen, indem wir ...

... Erwartungen klären

Das Problem, entweder zu viel oder zu wenig zu erwarten, kann ausgeschlossen werden, wenn wir offen über unsere Erwartungen sprechen. In einer guten Mentoring-Beziehung sollten beide Seiten wissen, welche Erwartungen die andere hat. Äußern Sie sich klar und deutlich darüber, was Sie leisten können und scheuen Sie sich nicht, Ihre Aussage bei Bedarf zu wiederholen. Fragen Sie Ihre Mentee nach ihren Erwartungen, damit Sie nicht im Dunkeln tappen.

Über alle Fragen, von „Gibt es Hausaufgaben?" und „Wie lange sollen wir uns treffen?" bis zu „Wer bezahlt den Kaffee?", sollte man sich im Voraus geeinigt haben. Unrealistische oder unausgesprochene Erwartungen können zu einem späteren Zeitpunkt wieder auftauchen und zum Problem werden.

Im Laufe einer Mentoring-Beziehung können sich die Erwartungen auch ändern – doch sollten Änderungen stets in gegenseitigem Einverständnis durchgeführt werden.

... Verbindlichkeit fördern

Sowohl die Mentorin als auch ihre Mentee sollten die im Laufe des Prozesses gesteckten Ziele mit Verbindlichkeit verfolgen. Das heißt: Verabredungen einhalten, seine Versprechen halten, Erwartungen berücksichtigen.

... Vertraulichkeit gewährleisten

Zu Beginn sollten Mentorin und Mentee sich im Gespräch darüber einigen, welche Arten der Information (1) jedermann und (2) nur anderen Mentorinnen zugänglich gemacht werden sollen, und (3) was unter vier Augen bleiben soll. Es kann Monate dauern, bis sich jemand öffnet, doch unangemessene Weitergabe von Informationen kann dieses Vertrauen in einer Minute zerstörten.

Meine Faustregel für Vertraulichkeit ist, dass nur ich das Recht habe, meine eigene Geschichte zu erzählen. Es steht mir nicht zu, Persönliches aus dem Leben einer anderen Person zu verbreiten, außer, wenn ich ausdrücklich darum gebeten wurde.

Ich kenne eine Frau, die jedes Mal, wenn sie eine neue Erkenntnis gewonnen hatte, mit spontaner Begeisterung sagte: „Wenn Sie glauben, dass meine Geschichte irgendjemandem helfen kann, erzählen Sie sie bitte weiter!" Sie meinte es ernst, doch im Allgemeinen sollten wir nie von der Erlaubnis ausgehen.

GRENZEN und MAUERN [12]

WORAN ERKENNE ICH DEN UNTERSCHIED?

Grenzen definieren mich – wer ich bin, was ich denke, fühle, mag oder nicht mag, will oder nicht will, was ich wertschätze, glaube, akzeptiere, wofür ich mich entscheide, wie ich mich verhalte und wie ich bestimmte Dinge sehe.	Mauern verheimlichen, wer ich bin, verbergen mein wahres Selbst vor mir und anderen, sodass ich und sie nicht wirklich wissen, was ich denke, fühle, mag oder nicht mag, will, brauche, wertschätze, glaube, akzeptiere oder wofür ich mich entscheide.
Grenzen bewirken, dass ich die Verantwortung übernehme für meine Gedanken, Gefühle, Entscheidungen, Handlungen und Einstellungen und andere zur Verantwortung ziehe für ihr unge-	Mauern bewirken, dass ich meine Möglichkeiten einschränke, mich hilflos fühle und andere oder die Umstände für meine Gedanken, Gefühle, Entscheidungen, Handlungen und Einstellungen verant-

rechtes oder verletzendes Verhalten mir gegenüber.

Grenzen erlauben mir, mich dagegen zu wehren, dass andere mich manipulieren, benutzen, ausnutzen oder verletzen, weil ich mich selbst respektiere und anderen zutraue, dass sie richtige Entscheidungen treffen – motiviert durch Liebe.

Grenzen erlauben mir, Ja oder Nein zu sagen und somit echte, ehrliche Entscheidungen zu treffen.

Ich kann den Radius meiner Grenzen enger oder weiter stecken, je nach Vertrauenswürdigkeit der anderen.

Grenzen erlauben mir, zu lieben und geliebt zu werden.

Grenzen fördern Vertrautheit.

Grenzen sind möglich, weil ich stark bin.

wortlich mache. Mauern führen zu einer Opfer-Mentalität.

Mauern sorgen dafür, dass ich andere betrüge, manipuliere, benutze, ausnutze und verletze, um mich selbst davor zu schützen, was sie mir antun könnten – motiviert durch Angst.

Mauern schränken meine Entscheidungsfreiheit ein, da meine Angst vor der Reaktion anderer keine echten, ehrlichen Entscheidungen zulässt.

Mauern bleiben starr und unbeweglich, ungeachtet der Vertrauenswürdigkeit anderer, da ich weder mir noch anderen traue.

Mauern hindern mich daran, zu lieben und Liebe zu empfangen.

Mauern verhindern Vertrauen.

Mauern werden errichtet, weil ich mich zu schwach und hilflos fühle, um gesunde Beziehungen einzugehen.

Grenzen sind ein Zeichen seelischer Gesundheit.	Mauern sind ein Zeichen seelischer Störungen.
	Wird meine Mauer durchbrochen, befinden sich dahinter keine schützenden Grenzen, die verhindern, dass andere mich ausnutzen.

Schritt 3: Strukturen schaffen, die für beide geeignet sind

Es ist wichtig, Strukturen zu schaffen, die den Erwartungen von Mentorin und Mentee gleichermaßen gerecht werden, und die dem Thema und Schwerpunkt des Mentoring angemessen sind. Eine neue Fertigkeit kann in sechs Wochen erlernt werden, geistliches Wachstum dagegen kann Jahre dauern.

Welche Struktur ist die beste?

Manche Mentoring-Beziehungen sind formell, andere informell, manche beruhen auf regelmäßigen, andere auf gelegentlichen Treffen, manche bestehen ein Leben lang, andere sind von sehr kurzer Dauer.

Manchmal wird eine Mentee regelrecht in den Kreis der Familie der Mentorin aufgenommen, nimmt an Mahlzeiten teil und spielt mit den Kindern. In anderen Fällen wird eine Mentee ihre Mentorin lediglich bei bestimmten Gelegenheiten in ihrem Dienst begleiten, um von ihr zu lernen.

Mentoring ist gewöhnlich eine Zweierbeziehung, doch es gibt auch andere Formen, die sich bewährt haben. Angesichts des Mangels an weiblichen Mentoren schlossen sich Frauen zu Mentoring-Kreisen zusammen. Gemeinsam vereinen sie eine Fülle von Erfahrungen mit dem Ziel, sich gegenseitig zu ermutigen und einander ihre Ressourcen zur Verfügung zu stellen. So entstehen Netzwerke wie das von Janet Hagberg, der Autorin von *Real Power*. Dabei handelt es sich um eine Gruppe von Frauen und Männern, die per Internet und Telefonkonferenz regelmäßig miteinander kommunizieren. Sie treffen sich einmal im Jahr, um ihre Projekte zu diskutieren und darüber zu sprechen, wie sie einander noch besser unterstützen können. Diese Form des Mentoring eignet sich für eine Gruppe von Gleichgesinnten, die bereit sind, gegenseitig bei bestimmten Projekten verbindliche Hilfe zu leisten. Eine andere mögliche Struktur ist, dass die Gruppe die Bereiche definiert, in denen Wachstum und Weiterentwicklung gewünscht werden, und danach Referenten zu Vorträgen mit anschließender Diskussion einlädt.

Bei der Einführung einer Mitarbeiterin in eine neue Leitungsposition habe ich es als Bereicherung erlebt, dass sie als Mentee von zwei Mentorinnen betreut wurde, die ihre unterschiedlichen Stärken einbrachten.

Die Struktur soll Ihren Zielen dienen. Seien Sie also kreativ und entdecken Sie, was für Sie am besten ist.

Geregelte Treffen oder Treffen nach Bedarf?

Wenn Sie sich für regelmäßige Treffen entscheiden, legen Sie zuvor den zeitlichen Rahmen fest, zum Beispiel sechs Wochen lang einmal wöchentlich oder ein Jahr lang einmal pro Monat. Wie auch immer Ihre Entscheidung ausfällt, stehen Sie zu Ihrer Abmachung und beenden Sie Ihre gemeinsamen Treffen, nachdem die vereinbarte Zeit abgelaufen ist. Wenn Sie dann beide das Bedürfnis nach einer Fortsetzung haben, können Sie sich auf eine neue Zeitspanne einigen, ohne sich dazu verpflichtet zu fühlen. Oder Sie nehmen weiterhin am Leben Ihrer Mentee teil, indem Sie danach lose in Verbindung bleiben und sich gelegentlich über den neuesten Stand der Dinge auf dem Laufenden halten.

Manche Mentorinnen ziehen eine „Ruf-mich-an-wenn-du-meinen-Input-brauchst"-Vereinbarung den regelmäßigen Treffen vor. Auch das kann gut funktionieren, vorausgesetzt, Sie haben zuvor ein paar Richtlinien für die Anrufe festgelegt (Tageszeit, im Büro oder zu Hause) und besprochen wie kurzfristig Sie ein Treffen arrangieren können.

Auch bei einer informellen Vereinbarung, die der Mentee erlaubt, die Mentorin nach Bedarf anzurufen, empfiehlt es sich, eine zeitliche Begrenzung auszusprechen. „Rufen Sie mich nächsten Monat an, wenn Sie beim Durcharbeiten der Papiere Hilfe brauchen" ist besser, als zu sagen: „Sie können mich jederzeit anrufen." Wenn jemand Sie sechs Monate später anruft, haben Sie vielleicht vergessen, worum es ging, und es ist Ihnen peinlich, einen gleichgültigen Eindruck zu erwecken. Scheuen Sie sich in diesem Fall nicht, einfach nachzufragen und zu bitten, Ihrem Gedächtnis auf die Sprünge zu helfen.

Führen Sie eine Agenda

Für welche Form des Mentoring Sie sich auch entscheiden, es gibt bestimmte Bestandteile, die immer dazu gehören. Dies sind zum Beispiel Aktionspläne, Quellen, Aufgaben, Fristen zum Erreichen der Ziele, Feiern der erreichten Ziele und alle andere Dinge, die Teil eines erfolgreichen Mentoring-Programms sind, einschließlich des Führens einer Agenda, in der bestimmte Punkte regelmäßig schriftlich notiert werden.

Ich meine damit also keine offizielle Agenda wie bei einer Sitzung, sondern ein Merkbuch, eine Liste, die festhält, warum Sie sich treffen und welche Ziele Sie erreichen wollen.

Mentorinnen dienen als Ressourcen, die anderen bei ihrer selbst gesteuerten Entwicklung helfen. Die Verantwortung für die Mentoring-Beziehung liegt daher bei der Mentee, nicht bei der Mentorin. Das bedeutet, dass die Mentoring-Agenda von der Mentee geführt wird.

Mentees sollten eine ziemlich genaue Vorstellung von ihren Bedürfnissen haben und zu jedem Treffen ein oder zwei gut vorbereitete Fragen mitbringen, die sie der Mentorin stellen wollen. Seien Sie jedoch flexibel genug, um überraschend sich bietende Gelegenheiten zu erkennen, bei denen Ihre Mentee eine Lektion lernen kann. Jesus zog seine „Mentees" nach Heilungen, Wundern und öffentlichen Debatten zur „Nachbesprechung" heran. Wenn Mentorinnen ihre Schützlinge anspornen, Abenteuer und Risiken einzugehen, wird es danach nicht an Diskussionsstoff mangeln!

Zu Beginn einer Mentoring-Beziehung verfügen Mentees vielleicht nicht über das Wissen, die Fähigkeiten und die Motivation, die zum Führen ihrer eigenen Agenda gehören. Sie erwarten vielleicht, dass die Mentorin die Hauptarbeit leistet. Dies könnte die Chance zur ersten Lektion sein, in der eine Mentee lernt, zu begreifen, dass nicht die Mentorin die Hauptverantwortliche ist, die den Prozess steuert – und so beginnt, sich selbst in der Rolle der Initiatorin zu sehen.

Kommt jemand ohne die Erfahrung einer früheren Mentoring-Beziehung zu Ihnen, dann sind Sie diejenige, die Ihrer Mentee vermitteln kann, aktiv an der eigenen Entwicklung zu arbeiten. Sie können dabei helfen, indem Sie Erwartungen klären, Ziele setzen und dem Mentoring eine Struktur geben – und dann Ihre Mentee so früh wie möglich selbst in die Verantwortung entlassen.

Nutzen Sie verschiedene Hilfsmittel

Fragen
Eine der wichtigsten Aufgaben einer guten Mentorin ist es, die richtigen Fragen zu stellen. Eine Mentorin ist nicht für alle Antworten zuständig, sondern sie hilft, die Fähigkeit zur Selbstreflexion zu fördern. Denn diese Fähigkeit ist es, die ein Ereignis zu einer Lernerfahrung macht. Ihr Ziel als Mentorin ist es, den Lernenden von der Reflexion über das

Geschehene zum Lernen durch das Geschehen zu führen.

Die folgenden Beispiele sollen zeigen, wie Sie durch Ihre Fragen den Erfolg (der Mentee) in den Mittelpunkt rücken können.[13]

Gestellte Frage – Was haben Sie gelernt?
Gehörte Frage – Welche Fehler sollten Sie vermeiden?
Fragen Sie stattdessen – Was haben Sie erreicht und wie?

Gestellte Frage – Was möchten Sie erreichen?
Gehörte Frage – Was können Sie noch nicht?
Fragen Sie stattdessen – Was ist Ihr Erfolgsrezept? Worauf können Sie es in Ihrer Situation anwenden?

Gestellte Frage – Wie können Sie es besser machen?
Gehörte Frage – Welche Schwächen halten Sie davon ab?
Fragen Sie stattdessen – Auf welchen Stärken können Sie aufbauen?

Gestellte Frage – Was würden Sie beim nächsten Mal anders machen?
Gehörte Frage – Was ist dieses Mal falsch gelaufen?
Fragen Sie stattdessen – Was würden Sie beim nächsten Mal genauso machen?

Mehr alternative Beispielfragen

Anstatt zu fragen:	**Sagen/Fragen Sie lieber:**
Was ist schiefgegangen?	Was ist gut gegangen? Welches waren die vielversprechendsten Ideen? Hätte man eine oder mehrere davon in die Tat umsetzen können? Wenn ja, wie?
Welche Fragen sollen wir auf die Tagesordnung setzen?	Welche Fragen konnten wir von der Tagesordnung streichen oder ganz nach unten stellen (da wir sie erfolgreich gelöst haben oder dabei sind, sie zu lösen)?
Woran müssen Sie noch arbeiten?	Womit können Sie arbeiten?
Welches sind Ihre Bedürfnisse?	Welches sind Ihre Stärken?
Was kann Ihr Team nicht leisten?	Wir sollten durch eine Bestandsaufnahme die Talente, Qualitäten, Fähigkeiten und Begabungen ermitteln, die im Team bereits vorhanden sind. Das wird Ihnen helfen, die bevorstehende Herausforderung zu meistern.
Wo liegt das Problem? Wie können Sie es lösen?	Was ist Ihr Ziel? Was tun Sie bereits, das Ihnen helfen kann, es zu erreichen?

Wie planen Sie, Ihr Ziel zu erreichen?	In welcher Hinsicht bewegen Sie sich bereits auf Ihr Ziel zu? Was gibt Ihnen die Zuversicht, dass Sie es erreichen können?
Wie sind Sie in ein solches Schlamassel hinein geraten?	Haben Sie ein ähnliches Problem schon einmal bewältigt? Was war damals hilfreich, und wie können Sie sich diese Erfahrung zunutze machen?

Manchmal lässt sich durch Fragen ein tiefer liegendes Problem erkennen, das an die Oberfläche gebracht werden muss. Eine gute Möglichkeit zum Sondieren bieten „Warum"-Fragen, vorausgesetzt, Sie fragen um der Information willen und nicht auf eine Art, die als Kritik missverstanden werden könnte. Erzählt Ihnen zum Beispiel jemand von einer Veranstaltung, die ein Misserfolg war, weil nur wenige Besucher kamen, könnte sich folgendes Gespräch ergeben:

- Was, glauben Sie, war der Grund, weshalb viel weniger Leute kamen, als Sie erhofft hatten? – Vielleicht haben wir zu wenig Werbung gemacht.
- Woran lag es Ihrer Meinung nach, dass die Werbung nicht ausreichend war? – Niemand fühlte sich dafür verantwortlich.
- Warum war das so? – Ich schätze, es hat sich niemand freiwillig dafür gemeldet.
- Warum, glauben Sie, hat sich niemand freiwillig gemeldet? – Vielleicht, weil wir „Werbung" nicht auf die Liste der Aufgaben gesetzt haben.
- An dieser Stelle können Sie das Gespräch zu einer Lernerfahrung werden lassen, indem Sie fragen:
- Wie würden Sie beim nächsten Mal in einer ähnlichen Situation vorgehen?

Oder Sie geben dem Gespräch (und somit dem Lerneffekt) eine andere Richtung, indem Sie fragen, warum die Anzahl der Besucher zum Erfolgskriterium gemacht wurde, gefolgt von einem klärenden „Warum?" auf jede Antwort.

Manchmal decken Fragen auch persönliche Ängste auf, die angesprochen werden müssen (siehe Anhang für weitere Fragen).

Schließen Sie einen Mentoring-Vertrag

Eine schriftliche Vereinbarung zwischen Mentorin und Mentee, die von beiden unterschrieben wird, kann hilfreich sein, um die Verbindlichkeit zu unterstreichen und Ziele konsequent zu verfolgen. In unserem Beispiel handelt es sich um den Vertrag einer Leiterin, die festgestellt hat, dass sie ihren Mitarbeitern mehr Lob und Anerkennung zollen muss, um die Arbeitsmoral zu steigern.

Ich, ___(Name der Mentee)___, verspreche hiermit, einen Monat lang jede Woche zu jedem einzelnen Mitarbeiter eine positive Eigenschaft aufzuschreiben und das Lob an die Betreffenden auf diejenige Weise weiterzugeben, die sie jeweils am besten annehmen können.

Ich treffe die Vereinbarung mit ___(Name der Mentorin)___, verspreche, meinem Lob keinerlei Erwartungen hinzuzufügen, und werde ihr am ___(Datum)___ von den Resultaten berichten.

Tagebücher

Einige Ihrer Mentees werden gewohnt sein, Tagebuch zu schreiben. Sie können auf diese Gewohnheit aufbauen, indem Sie durch gezielte Fragen zum Nachdenken anregen und Ihre Mentee bitten, ihre Gedanken schriftlich festzuhalten. Ein Tagebuch ist besonders hilfreich, wenn jemand den Eindruck hat, keine Fortschritte zu machen. Dann wird das Tagebuch das Gegenteil beweisen, nämlich, dass sehr wohl Fortschritte erzielt wurden, wenn auch manchmal in winzig kleinen Schritten – Schritten, die Gelegenheit bieten, Meilensteine zu feiern.

Tagebuch schreiben ist etwas, das bestimmten Persönlichkeitstypen mehr liegt als anderen. Extrovertierte Menschen verarbeiten Eindrücke und Probleme, indem sie sich damit nach außen wenden und mit jemandem darüber sprechen. Sie müssen sich ausdrücken, um herauszufinden, wo die Probleme liegen. Dieser Persönlichkeitstyp schreibt meistens gerne Tagebuch, und das Schreiben ist in diesem Fall ein nützliches Werkzeug für den Mentoring-Prozess. Introvertierte Menschen dagegen verarbeiten alles innerlich, in ihrer Gedankenwelt. Die meisten können nicht schreiben, bevor sie ihre Gedanken und das, was sie sagen wollen, in ihrem Kopf geordnet haben. Eine introvertierte Mentee zum Tagebuchschreiben in der herkömmlichen Weise aufzufordern, kommt einer unnötigen Bürde gleich. Stattdessen können Sie einem introvertierten Menschen vorschlagen, seine Gedanken – nach einer angemessenen Zeit der Selbstreflexion – in einer Art Zusammenfassung in ein, zwei Sätzen zu Papier zu bringen.

Die Anregung zur Selbstreflexion hat eine Schlüsselfunktion. Das Werkzeug muss dabei den Bedürfnissen des Einzelnen angepasst werden. Und es sollte selbstverständlich sein, dass Ihre Mentee weiß, dass das Tagebuch vertraulich ist und Sie als Mentorin sie zu keiner Zeit bitten werden, es lesen zu dürfen. Die Tagebuchschreiberin hat das Recht, nur das preiszugeben, was sie möchte.

Feiern Sie Erfolge

Warten Sie nicht bis zum Ende der Mentoring-Beziehung, sondern nutzen Sie jede mögliche Gelegenheit, um kleine Erfolge zu feiern.

Vor kurzem ging ich mit meiner Mentee noch einmal ihre Ziele durch, die wir zu Beginn festgelegt hatten. Sie ist freiberuflich tätig und hat ihr Büro zu Hause, was es

> *Beim Mentoring geht es zum größten Teil um kleine Siege und zarte, kaum wahrnehmbare Veränderungen.*
> Marc Freedman, The Kindness of Strangers

schwer macht, Beruf und Privatleben zu trennen. Sie hatte den Eindruck, rund um die Uhr zu arbeiten, und sah kaum Erfolge durch den Mentoring-Prozess. Beim Durchsehen ihrer Ziele hingegen stellte sie überrascht fest, wie viele Teilerfolge sie tatsächlich erreicht hatte. Wir „feierten" diese Erfolge, indem wir sie riesengroß mit Rotstift abhakten, und sie ging mit dem Gefühl, etwas erreicht zu haben, nach Hause – und mit neuer Energie, weiterzumachen, Schritt für Schritt.

Fassen Sie nach

Wenn Sie Ihr Netzwerk zur Verfügung gestellt haben, fragen Sie nach, ob Ihre Mentee davon Gebrauch gemacht hat. Wenn Sie sich auf „Hausaufgaben" geeinigt haben oder wenn Sie Ihrer Mentee ein bestimmtes Thema für das Tagebuch mitgegeben haben, fragen Sie nach, ob es hilfreich war und ob sie daraus etwas lernen konnte. Wenn Sie einen schriftlichen Vertrag haben, fragen Sie am vereinbarten Datum nach dem Ergebnis.

Werten Sie aus

Eine der Erwartungen, die zu Beginn der Mentoring-Beziehung angesprochen werden sollte, ist die Notwendigkeit der Auswertung (Evaluierung) in bestimmten, zuvor festgelegten Zeitabständen. Die Aussicht einer Auswertung kann – für Mentorin und Mentee – sehr motivierend sein, was Leistung und Durchhaltevermögen betrifft.

Der Begriff Auswertung wirkt auf die meisten Menschen einschüchternd, denn er klingt wie eine Prüfung, bei der man entweder besteht oder durchfällt. Bei einer Auswertung im Mentoring-Prozess geht es jedoch nicht um Bestehen oder Durchfallen, sondern darum, wie die Beziehung am besten dem Wachstum dienen kann. Mentorin und Mentee sollten sich als Team betrachten, das nach der ersten Halbzeit eine Lagebesprechung hält und sich darüber austauscht, was gut klappt und was man noch verbessern könnte, um als Team effektiver zu sein. Bitten Sie um Rückkopplung und geben Sie selbst Feedback, was Ihre Mentoring-Beziehung betrifft. Seien Sie stets offen für konstruktive Rückmeldung.

Fragen für die Auswertung des Mentoring-Prozesses:

- Welche Aspekte unserer gemeinsamen Zeit finden Sie hilfreich?
- Wovon wünschen Sie sich mehr?
- Wovon brauchen Sie zurzeit weniger?
- Welche Fragen möchten Sie gern gestellt bekommen?
- Welche Fragen brauche ich nicht mehr zu stellen?
- Sind der zeitliche Rahmen und die Form des Mentoring für Sie noch angemessen?
- Haben sich Ihre Bedürfnisse inzwischen geändert?
- Welche Änderungen wären für die zweite Hälfte unserer gemeinsamen Zeit sinnvoll?

Beachten Sie bitte, dass der Lernprozess und nicht die betreffende Person im Zentrum der Auswertung steht. Und vergessen Sie nicht: Als Mentorin sind Sie nur dafür verantwortlich, was Sie in den Prozess einbringen – und nicht, was dabei herauskommt.

Checkliste für gezieltes, effektives Mentoring

	Mentorin	Mentee
Pflegen Sie Beziehungen	Haben Sie ein offenes Ohr, was Fragen zu Ihrer Verfügbarkeit betrifft.	Seien Sie offen dafür, Fragen zu vertiefen, die Ihre Zukunft betreffen.
	Machen Sie einladende Äußerungen – ohne zeitliche Begrenzung – und warten Sie ab.	Ergreifen Sie die Initiative – schlagen Sie vor, sich zum Kaffee und/oder Informationsaustausch zu treffen.
	Schätzen Sie Ihre Stärken ein.	Schätzen Sie Ihre Bedürfnisse ein.
	Seien Sie sich Ihres Stadiums der persönlichen Kompetenz und Ihrer geistlichen Entwicklung bewusst.	Suchen Sie sich eine Mentorin, die mindestens ein Stadium weiter ist als Sie.
	Seien Sie sich Ihres Persönlichkeitstyps und persönlichen Stils bewusst und wie davon Ihre Kommunikation beeinflusst wird.	Ziehen Sie mehrere Mentorinnen in Erwägung.

Beantworten Sie die Fragen in der Tabelle zu „Wie finde ich eine Mentee?" (s. S. 94)	Beantworten Sie die Fragen in der Tabelle zu „Wie finde ich eine Mentorin?" (s. S. 93)

Arbeiten Sie an Ihrer Verbindlichkeit und Vertrauenswürdigkeit.

Klären Sie Erwartungen

Legen Sie einen genauen Zeitrahmen fest und setzen Sie sich ein bestimmtes Ziel.

Berücksichtigen Sie verschiedene Strukturen und Hilfsmittel: Einzel-, Gruppen-, Team-Mentoring, regelmäßige Treffen oder Treffen nach Bedarf, Tagebuch, Mentoring-Vertrag, das Feiern von kleinen Erfolgen, Evaluierung, Strategien zum Nachfassen.

Vergewissern Sie sich, dass Sie sich verständlich ausdrücken.	Bitten Sie um Klärung, wenn Sie etwas nicht verstehen.
Äußern Sie sich klar darüber, was und wie viel Sie in die Mentoring-Beziehung einbringen können.	Äußern Sie offen, wonach Sie suchen.

Schaffen Sie eine Atmosphäre des Vertrauens und der Offenheit

Seien Sie echt, menschlich und ehrlich.

Respektieren Sie gegenseitig Ihre Privatsphäre und üben Sie sich in Diskretion.

Hören Sie gut zu.

Schaffen Sie eine Atmosphäre des Vertrauens und der Offenheit	Haben Sie Geduld – denken Sie daran, dass Wachstum Zeit braucht und manchmal in „Schüben" verläuft.	
	Finden Sie eine Struktur, die Ihnen beiden entspricht.	
	Seien Sie bereit, Zeit und Kraft zu investieren.	Würdigen Sie die investierte Zeit mit Verbindlichkeit.
	Seien Sie sich Ihrer Grenzen bewusst.	Seien Sie sich bewusst, dass Ihre Mentorin auch nur ein Mensch ist.
	Widerstehen Sie der Versuchung, vorgefertigte Lösungen anzubieten.	Seien Sie bereit, auch unbequeme Wege zu gehen, um selbst Lösungen zu finden.
	Haben Sie Geduld.	Haben Sie Mut zum Wachstum.
	Stellen Sie Ihre Ressourcen zur Verfügung.	Nutzen Sie die zur Verfügung gestellten Ressourcen.
	Lassen Sie Ihre Mentee an Ihrem Netzwerk teilhaben.	Würdigen Sie die Ihnen zugänglich gemachten Kontakte.

Richten Sie sich nach der Agenda Ihrer Mentee anstatt nach Ihrer eigenen – hier geht es nicht um Sie.	Führen Sie eine Agenda – halten Sie Ihre Ziele schriftlich fest. Schließlich geht es hier um Sie und Ihre Entwicklung.
Stellen Sie gute Fragen.	Erwarten Sie gute Fragen.
Erzählen Sie Ihre eigene Geschichte – einschließlich der schweren Zeiten und Zweifel.	Respektieren Sie die persönliche Lebensgeschichte Ihrer Mentorin.
Arbeiten Sie an Ihrer Verbindlichkeit.	Erwarten Sie Verbindlichkeit auch von sich selbst.
Seien Sie darauf vorbereitet, auch Enttäuschungen zu erleben.	Übernehmen Sie die Verantwortung, wenn Sie etwas nicht konsequent zu Ende verfolgen.

Bringen Sie den Prozess zu einem guten Abschluss

Machen Sie sich bewusst, dass dies lediglich eine Teilstrecke Ihres Lebensweges ist.

Würdigen Sie die investierte Zeit.

Feiern Sie Meilensteine.

Besprechen Sie, ob Sie sich weiterhin für eine bestimmte Zeit oder um ein bestimmtes Ziel zu erreichen, treffen wollen, wenn beide Teile es wünschen.

Wann fange ich an?

Dies ist ein kurzes Kapitel, denn auch die Antwort auf diese Frage ist kurz.

Sie lautet: JETZT! Sofort! Jederzeit!

Es ist wichtig, dass wir den biblischen Auftrag erfüllen, einander zu stärken, damit wir zu mündigen Christen werden und damit im Sinne Gottes Einfluss nehmen können auf die Welt, in der wir leben. Natürlich geht es nicht ohne Vorbereitungen. Alles, wofür wir uns im Leben einsetzen, sollten wir so gut wie möglich tun.

Gehen Sie zurück zu den Checklisten in den vorherigen Kapiteln (mehr davon finden Sie im Anhang), doch lassen Sie sich nicht davon einschüchtern, weil Sie glauben, Sie müssten jeden einzelnen Punkt mit einem absolut sicheren „JA" quittieren. Nutzen Sie vielmehr die Checklisten als Grundlage für die Erstellung Ihres eigenen Plans zum persönlichen Wachstum und für die Suche nach einer Mentorin für sich selbst. Denn wenn Sie sich selbst auf diesen Prozess einlassen, werden Sie besser in der Lage sein, andere darin zu unterstützen. Entscheiden Sie sich für eine Mentorin, die in ihrer persönlichen Entwicklung oder ihrem fachlichen Können ein Stadium weiter ist als Sie. Bilden Sie eine Mentoring-Kette: Sie haben eine Mentorin, Sie sind selbst Mentorin und schlagen Ihrer Mentee vor, ihrerseits Mentorin zu werden.

Bitten Sie Gott, dass er Sie mit Mut, Demut, Liebe, Glauben und Leidenschaft ausstattet, damit Sie lieben, dienen, lehren, konfrontieren, bestätigen und echt sein können.

Mentoring erfordert:

- Mut zur Echtheit: Verwundbarkeit zulassen; zugeben, welche Lektionen wir aus unseren Fehlern gelernt haben; bei Bedarf auch Widersprüchliches ansprechen.

- Demut: die Gaben und Stärken anderer bejahen; erkennen, dass wir etwas weitergeben können, weil andere zuvor in unser Leben investiert haben.

- Liebe: andere annehmen und bereit sein, einander zu dienen.

- Glauben: an die Fähigkeiten eines Menschen und seine Möglichkeit zur Veränderung.

- Leidenschaft: uns mit ganzem Herzen einsetzen, um das Leben anderer zu bereichern und zu verändern.

Jesus, der „Meister-Mentor"

In den Kapiteln 1 bis 5 haben wir verschiedene Arten des Mentoring behandelt, den Wert des Mentoring für unser persönliches Wachstum, die Vision des Mentoring mit Hilfe der Stadien der persönlichen Kompetenz und der Glaubensentwicklung, die Merkmale einer guten Mentorin, die Strukturen des Mentoring und die Dringlichkeit, damit zu beginnen.

Es gibt noch einen weiteren Aspekt, der notwendig ist, um die einzelnen Teile zu einem stimmigen Ganzen zusammenzufügen: Die Betrachtung von Jesus als Mentor. Wie lehrte er seine Jünger und führte sie in die Nachfolge? Wie begleitete er sie auf ihrem Glaubensweg? Wie bereitete er sie auf ihren Auftrag vor und entließ sie dann in ihren Dienst?

Dies soll keine Abhandlung über die Lehrmethoden Jesu werden – über seine Gleichnisse, Metaphern, Nachbesprechungen nach Missionsreisen, praktisches Training vor Ort und so weiter. Man kann sämtliche didaktischen Ansätze Jesu analysieren und trotzdem am Wesentlichen vorbeigehen, nämlich dass es in den Begegnungen und Gesprächen Jesu mit seinen Nachfolgern um persönliche Wertvorstellungen und Einstellungen ging.

Zu Beginn seines Dienstes wurde Jesus vom Heiligen Geist in die Wüste geführt, damit der Feind ihn in Versuchung führen konnte – in die Versuchung, seinen Auftrag auf eine Weise zu erfüllen, die den wirklichen Grund für sein Kommen in menschlicher Gestalt gefährden, ja aufs Spiel setzen würde.

Zu besonderem Dank bin ich Henri Nouwen für sein Buch *Seelsorge, die aus dem Herzen kommt (Freiburg 1995: Herder)* verpflichtet, das mir half, die Versuchungen Jesu mit ganz anderen Augen zu sehen. Und ich machte die interessante Entdeckung, dass sich die Reaktionen Jesu auf die unterschiedlichen Versuchungen auch auf Mentoring anwenden lassen.

Versuchung eins: Es anderen recht machen wollen

Die erste Versuchung Jesu bestand darin, durch ein Wunder einen Stein in Brot zu verwandeln, um seine körperlichen Bedürfnisse zu stillen. Doch er lehnte es ab, den unmittelbaren Bedürfnissen Vorrang vor seinem Auftrag und seinen Werten zu geben.

Jesus wusste, wer er war und warum er auf die Erde gekommen war. Er hatte eine Mission. Er war weder für das Glück der Menschen zuständig noch dafür, ihre kommenden und gehenden Bedürfnisse zu erfüllen. Seine Mission war viel größer. Es war sein Auftrag, auf Gott, den Vater, hinzuweisen, Menschen zu einem Leben in Heiligkeit aufzurufen und in eine Beziehung zu ihm und letztendlich zum Vater zu führen. Jesus wusste, dass er sich nicht durch das laute Geschrei der Bedürfnisse um ihn herum ablenken lassen und in alle Richtungen verzetteln konnte. In seiner Entscheidung, seiner Identität und seinem Auftrag treu zu bleiben, war er für seine Nachfolger ein Vorbild an Integrität. Und er war damit in der Lage, in jeder Situation und gegenüber allen Menschen authentisch zu sein. Auch wenn Wunder eine natürliche Folge seines Mitgefühls und seiner Macht waren, wehrte er sich dagegen, dass seine Identität auf diesen einen Aspekt beschränkt wurde.

Eine der Versuchungen, denen wir als Mentorinnen ausgesetzt sind (insbesondere in Stadium 2), ist der Wunsch, es unseren Mentees recht zu machen, damit sie glücklich und zufrieden sind. Doch wenn wir dieser Versuchung nachgeben, werden wahrscheinlich unsere höheren Ziele, die wir uns in Bezug auf den Wachstumsprozess gesteckt hatten auf der Strecke bleiben. Nur allzu leicht geraten wir in die Denkfalle, wir müssten sämtliche Bedürfnisse erfüllen. Doch wenn wir die Bedürfniserfüllung an erste Stelle setzen, werden unsere Handlungen von der bloßen Reaktion auf die Wünsche anderer bestimmt anstatt durch unsere persönlichen Werte.

Nur wenn wir unsere Werte – die Triebkraft unseres Lebens – klar definieren und ihnen Priorität einräumen, werden wir in der Lage sein, zielgerichtet und besonnen zu handeln. Dann können wir Entscheidungen treffen, die auf eindeutigen, zuvor festgelegten Werten basieren, und erkennen, welche Bedürfnisse wir erfüllen sollen, und für welche wir nicht zuständig sind.

Die Werte und Einstellungen, die wir uns zu eigen machen, werden ein Teil von uns und spiegeln sich in unserem Leben wider. Wir zeigen Liebe, Geduld und Freundlichkeit, weil sie unserer Wesensart entsprechen und nicht, weil wir sie als Strategie einsetzen. Das ist das Wesen der Integrität.

Jesus war ein Vorbild an Integrität. Seine Integrität war es, die seine Nachfolger bewog, bei ihm zu bleiben, selbst wenn sie seinen Auftrag missverstanden.

Auch wir als Mentorinnen müssen Integrität besitzen. Dann können wir unseren Mentees dabei helfen, aus ihren festen inneren Überzeugungen heraus zu leben und eines Tages selbst zu Vorbildern zu werden, die durch ihre Integrität überzeugen, anstatt auf äußere Ansprüche und Gegebenheiten zu reagieren.

Versuchung zwei: Sich selbst in den Mittelpunkt stellen

Die zweite Versuchung Jesu war, die Aufmerksamkeit auf sich zu lenken, indem er sich von der höchsten Stelle der Tempelmauer stürzen und von den Engeln retten lassen sollte. Dies hätte ihn sicherlich zu einer stadtbekannten Attraktion gemacht, doch darum ging es nicht. Jesus kam auf die Erde, um uns das Herz des Vaters zu offenbaren, um eine Beziehung zu uns einzugehen und um eine Gemeinschaft des Neuen Bundes zu schaffen. Das Leben in einer Gemeinschaft setzt voraus, dass wir Verwundbarkeit und Echtheit an den Tag legen. Und dies ist genau das, was Jesus tat.

Jemand, der Verwundbarkeit zulässt, schafft eine Atmosphäre der Gegenseitigkeit, des Respekts und der Offenheit. In einer wahren Gemeinschaft liegt die Betonung nicht auf dem Ich, sondern auf der Würdigung der Beiträge anderer, denn hier wird jeder Einzelne angehört und wertgeschätzt.

In Stadium 3 entwickeln wir unsere Fähigkeiten und ernten für sie Anerkennung – zweifellos ein wichtiger Entwicklungsschritt. Doch der Wunsch, es am besten zu können und die Aufmerksamkeit auf uns zu ziehen, kann uns von anderen entfremden und wird kaum eine kooperative, sondern eine konkurrenzbetonte Atmosphäre fördern. Als Mentorin machen wir damit genau das zunichte, was wir erreichen wollen.

Mentoring setzt voraus, dass wir unsere Mentee in den Mittelpunkt stellen. Wer zu sehr auf eigene Leistungen fixiert ist, kann keine Zeit und Kraft in andere investieren. Trachten wir selbst nach Aufmerksamkeit, können wir weder anderen unsere volle Aufmerksamkeit schenken noch ihnen mit ganzem Herzen dienen.

Die Bereitschaft zur Verwundbarkeit und zum Leben in der Gemeinschaft dagegen nimmt andere mit hinein in einen Ort, an dem sie sich dazugehörig fühlen können und Aufmerksamkeit erfahren.

Jesus kam auf eine Art und Weise auf die Erde, um unter uns zu leben, in der er wehrloser und verwundbarer nicht sein konnte. Als hilfloses Baby nahm er unsere bescheidene Menschlichkeit auf sich, um sich mit uns zu identifizieren. Seine irdischen Eltern waren zum Zeitpunkt seiner Empfängnis noch nicht verheiratet – ein hohes Risiko, Schande über die gesamte Familie zu bringen. Seine Geburt fand bei Tieren unter den unhygienischen Bedingungen eines Stalles statt. Seine Eltern waren arm. Er lebte als Flüchtling in Ägypten. Er wuchs als Handwerkerssohn in Nazareth auf – einer Stadt, die keinen guten Ruf hatte („Nazareth? Was kann von da schon Gutes kommen!", vgl. Joh 1,46). Während der gesamten Zeit seines Wirkens auf der Erde war er davon abhängig, dass andere ihm etwas zu Essen und einen Platz zum Schlafen anboten. Wie verwundbar und angreifbar war sein ganzes Leben – in sozialer, emotionaler und finanzieller Hinsicht! Und dennoch – wenn er Menschen aufforderte, ihm nachzufolgen, gaben sie ihre Sicherheit auf, um in die Gemeinschaft seiner Jünger aufgenommen zu werden.

Jesus lebte uns echte Gastfreundschaft vor – eine Gastfreundschaft, bei der es nicht um die Räumlichkeiten, das Essen oder die Unterhaltung ging, sondern um seine Einstellung Menschen gegenüber: Er ließ andere in sein Herz und in sein Leben hinein. Er schätzte sie, respektierte sie, ehrte sie und diente ihnen. Authentisch und verwundbar nahm er sie auf in die wahre Gemeinschaft. Als Mentorinnen sind wir aufgerufen, eine Umgebung des Vertrauens für unsere Mentees zu schaffen, in der sie Echtheit und Integrität lernen können, um dann ihrerseits für andere da zu sein und wahre Gastfreundschaft zu leben.

Versuchung drei: Die eigene Macht
an die erste Stelle setzen

Die dritte Versuchung Jesu bestand darin, die Macht über alle Königreiche der Welt zu seiner Verfügung zu haben, um seine Mission zu erfüllen. Doch Jesus wies die Versuchung entschieden von sich und wählte einen anderen Weg zur Erfüllung seines Auftrags: Er würde seine Vollmacht an seine Nachfolger weitergeben.

Echte Führungspersönlichkeiten wissen um ihre Kompetenz und ihren Einfluss, doch sie brauchen nicht krampfhaft an ihrer Machtposition festzuhalten. „Ein Fundament zu schaffen, auf dem andere aufbauen können, ist ihnen wichtiger als ihre eigenen Leistungen."[14]

Jesus schuf ein sehr gutes Fundament. Er investierte in zwölf Männer und später in eine noch größere Schar von Männern und Frauen, die ihm nachfolgten. Er lehrte sie, schenkte ihnen eine Vision, bereitete sie vor, erfüllte sie mit seinem Geist und gab ihnen einen Auftrag. Er hatte sie auserwählt und er vertraute ihnen. Sie glaubten nicht, dass sie für ihre Aufgabe bereit waren, und auch wir mögen es bezweifeln, wenn wir ihr menschliches Potenzial betrachten, doch diese kleine Schar von Männern und Frauen stellte ihre Welt auf den Kopf. Es stimmt, sie handelten nicht aus eigener Kraft und Vollmacht, sondern in der Kraft des Heiligen Geistes. Doch der springende Punkt ist, dass jeder wahre Leiter – und jede Mentorin – das Potenzial in anderen sieht und sie dann, wenn sie so weit sind (selbst wenn sie selbst es nicht wissen), einsetzt, die Aufgabe weiterzuführen.

Der Wunsch, an unserer Macht festzuhalten, ist ein Merkmal des Führungsstils in Stadium 3. In diesem Stadium ist die Versuchung, unsere Machtposition für eigene Zwecke zu nutzen, besonders stark.

Doch wenn das Streben nach Macht im Mittelpunkt steht, verlieren wir die Menschen in unserem Umfeld aus den Augen oder betrachten sie lediglich als „Untergebene", die wir dominieren, um unsere Machtposition aufrechtzuerhalten. Unser Kontrollbedürfnis beraubt uns der Fähigkeit, anderen zu vertrauen. Umso mehr versuchen wir, alles selbst zu entscheiden und räumen anderen keine Handlungsfreiheit ein. Wenn wir uns weigern, Verantwortung auf andere zu übertragen, ist auch unsere Leistung darauf beschränkt, was wir allein zustande bringen. Geben wir dagegen unsere Kompetenz und Autorität an andere weiter, wird die Leistung potenziert und es kann viel mehr erreicht werden. Echte Führungspersönlichkeiten agieren aus einer großzügigen Grundhaltung heraus und lassen andere an ihren Erfahrungen und Möglichkeiten teilhaben. Macht wird nicht weniger, wenn wir sie weitergeben. Jesus wusste das und stand uns Modell im Umgang mit unserer Macht, unser Kraft, unserem Potenzial.

Eine Mentorin ist gern bereit, andere zu lehren, ihnen zu helfen, ihre Vision zu entdecken, sie zu begleiten und mit ihnen im Gespräch zu bleiben. Als Mentorinnen sollten wir anderen so vertrauen, dass sie eigene Schritte gehen und dabei auch Fehler machen dürfen. Dass sie wachsen und eines Tages größere Dinge tun werden, als sie aus eigener Kraft könnten. Dann können wir uns mit ihnen über ihre Kompetenz und Selbstständigkeit freuen.

Laurie Beth Jones stellt in ihrem Buch *Jesus CEO* (etwa: „Jesus, der Chef") dar, welches Vertrauen Jesus in die Fähigkeiten seiner Nachfolger hatte. Die Jünger stritten pausenlos darüber, wer von ihnen der Beste und Größte war; sie schliefen ein, wenn er sie am meisten brauchte, doch dies waren die Leute, die er sich als seine Mitarbeiter ausgesucht hatte. Er sah stets das Beste in ihnen, selbst wenn alles auf das Gegenteil hindeutete.

Er goss eine Form der Größe für sie, die sie nach und nach immer mehr ausfüllten. … Menschen zeigen sich jeder Lage gewachsen, wenn jemand an sie glaubt. Vielleicht brauchen wir einfach jemanden, der uns unsere wahren inneren Qualitäten zeigt. Er sagte zu Simon. „Du bist Petrus, ein Fels. Auf diesen Felsen will ich meine Gemeinde bauen." Wir wissen alle, wie impulsiv und unüberlegt Petrus handelte, doch Jesus sah in ihm einen Felsen.[15]

Ich glaube, dass wir als Mentorinnen anderen Menschen eine Vision für ihre Gaben schenken und ihnen dann diesen Spiegel vorhalten können, damit sie ihr eigenes Potenzial erkennen. Wenn unsere Mentees Angst haben, Fehler zu machen, dann werden sie auch Angst haben, die Risiken einzugehen, die für ihr Wachstum notwendig sind. Sie brauchen jemanden, der an ihre Fähigkeiten glaubt. Nur wenn wir anderen für das, was sie sind, unsere ehrliche Wertschätzung entgegenbringen, ihr Potenzial sehen und unsere Ressourcen großzügig zur Verfügung stellen, werden sie sich wirklich entfalten und sich zu reifen Persönlichkeiten und mündigen Christen entwickeln.

Mentoring im Sinne Jesu

Jesus hat uns gezeigt, wie Mentoring aussehen sollte – in seinen Werten und Eigenschaften, die für uns auch heute noch als Richtlinien gelten.

Wir leben in einer Welt, in der das Mächtige, Große, Spektakuläre honoriert wird und alles, was damit zusammenhängt. Und die meisten Handbücher für Führungskräfte geben eine Anleitung zum Erwerb entsprechender Eigenschaften.

Als Leiter, Seelsorger, Mentoren und Lehrende sind die Versuchungen Jesu uns auch heute bekannt: nämlich zu denken, wir müssten jedermanns Bedürfnisse erfüllen, uns durch irgendetwas Spektakuläres von der breiten Masse abheben und an unserer Machtposition festhalten, die wir zum Erreichen unserer Ziele zu brauchen meinen.

Doch Jesus ruft uns in ein Leben der Integrität – jenseits der Versuchung, es allen recht machen zu wollen. In ein Leben, in dem wir uns unserer Identität, Gaben und Berufung bewusst sind und bereit sind, auf diesem Fundament aufzubauen. Anstatt uns selbst ins Rampenlicht zu stellen, sollen wir Gastfreundschaft üben, das heißt, andere in eine echte Gemeinschaft einladen, in der sie ernst genommen und angehört werden und Wertschätzung erfahren. Und wir sollten begriffen haben, dass ech-

te Macht nicht die Macht ist, an der wir aus egoistischen Gründen festhalten, sondern die Fähigkeit, zu lieben und anderen zu dienen.

Obwohl Jesus viele Wunder vollbrachte, war er nicht in erster Linie der
„Wundertäter". Obwohl er Aufmerksamkeit erregte, war dies weder seine
Absicht noch sein Ziel. Obwohl ihm alle Macht auf Erden gegeben war,
entschied er sich, auf seine Macht zu verzichten und zu sterben – sodass
die Kirche ins Leben gerufen und mit der ewigen Vollmacht des Heiligen
Geistes ausgerüstet werden konnte. Mentoring heißt nicht, dass wir versuchen sollen, anderen gefällig zu sein. Wir brauchen auch keine Star-
allüren und keine besondere Machtposition. Mentoring verlangt stattdessen, dass wir es Jesus gleichtun, indem wir:

- ein Vorbild an Integrität sind,
- eine Umgebung schaffen, in der andere sich sicher und
  dazugehörig fühlen,
- andere stärken und ermutigen, indem wir ihnen vertrauen.

Wenn wir dies tun, hinterlassen wir ein echtes Vermächtnis im Leben
unserer Mentees und befähigen sie, mehr zu erreichen, als wir selbst es
könnten.

Anhang

Weiterführende Quellen und Informationen

Stadien der Kompetenz	www.janethagberg.com
MBTI	www.humanmetrics.com
	www.keirsey.com
	www.psychometrics.com
Einschätzung Ihrer persön- lichen Stärken und Neigungen	www.kolbe.com
Testen Sie Ihre geistlichen Gaben	http://buildingchurch.net/g2s.htm
Der „CEO Refresher" (Forum und Quellen für Führungskräfte)	www.refresher.com
The Mentoring Group (Welt- weiter Mentoring-Dienst; Kon- takte, Informationen, Seminare)	www.mentoringgroup.com
Einschätzung persönlicher Werte	http://web.mit.edu – type „values" in search box

Fragen zur Einschätzung Ihrer Mentoring-Kompetenz

Die folgenden Fragen sollen als Hilfestellung dienen, um zu erkennen, wo Sie Ihre Kompetenz noch steigern können. Niemand von uns hat je die „Meister-Mentoring"-Ebene Jesu erreicht. Wir sollten uns daher durch diese Übung nicht entmutigen lassen, sondern sie als Hilfe zur Selbstwahrnehmung betrachten. Um den „Blinden Fleck" (Johari-Fenster) zu entlarven, mag es hilfreich sein, eine Ihrer Mentees bei der Beantwortung der Fragen hinzuzuziehen.

Selbstwahrnehmung und Selbstdisziplin

- Ich kann mich selbst annehmen und versuche, im Umgang mit anderen „Ich selbst" zu sein.
- Ich bemühe mich, stets meine Integrität zu wahren.
- Ich bin ehrlich gegenüber anderen, wenn es um die Erfüllung meiner Bedürfnisse geht.
- Ich bin offen für Feedback, Coaching und um Neues zu lernen.
- Ich habe ein gutes Zeitmanagement.

Selbstdarstellung

- Meine Körpersprache stimmt mit dem überein, was ich sage.
- Wenn es angemessen ist, setze ich meinen Humor ein.
- Ich übe mich darin, im „Hier und Jetzt" zu handeln, wie es der Augenblick erfordert.

Fähigkeit, auf andere einzugehen

- Ich höre zu, was gesagt wird und nehme wahr, wie es gesagt wird.
- Ich nehme auch wahr, was nicht gesagt wird.
- Ich helfe anderen, ihre Probleme selbst zu verarbeiten und zu lösen.
- Ich interpretiere die Körpersprache anderer und ergreife die Initiative, um Beziehungen zu fördern.
- Ich übe mich im aktiven Zuhören, um meine Mentee besser zu verstehen.
- Ich kann mich in andere einfühlen und in ihre Lage hineinversetzen.
- Ich begegne anderen in angemessener Weise mit Anerkennung, Unterstützung und Wertschätzung.
- Ich räume Missverständnisse aus, um Kommunikationsbarrieren zu beseitigen.
- Ich bemühe mich, Vertrauen aufzubauen, um einen sicheren Schutzraum bieten zu können.

Die zehn wichtigsten Coaching-Fragen[16]

Was muss geschehen?

Was fehlt?

Was steht dabei im Weg?

Wie sieht das ideale Ergebnis aus?

Möchten Sie dazu etwas ergänzen?

Was war für Sie am hilfreichsten?

Können Sie mehr darüber sagen?

Was muss vorhanden sein?

Welche Mittel haben Sie, um zu testen, ob Sie Ihr Lernziel erreicht haben?

Wozu sind Sie bereit?

Fragen zum Kennenlernen[17]

Formulieren Sie Fragen auch als Feststellung, um zu vermeiden, dass Ihr Gegenüber sich wie im Zeugenstand fühlt.[18]

Mir ist aufgefallen, dass _____. Wie haben Sie das gelernt?
Was sind Ihrer Meinung nach Ihre wichtigsten Stärken und Begabungen?
Wie lernen Sie am besten?
Welche Lektion haben Sie in einer bestimmten Krisensituation gelernt?
Inwiefern hat diese Erfahrung Ihr Leben verändert?
Erzählen Sie mir über Ihre Mentoren und Mentorinnen.
Wir alle haben ein Vermächtnis für die Generationen nach uns. Was würden Sie gern an nachfolgende Generationen weitergeben?
Sie erwähnten _____. Erzählen Sie mir mehr darüber.
Was würde unsere Partnerschaft für Sie zu einer besonders wertvollen Erfahrung machen?
Was würde sie zu einer Zeitverschwendung machen?

Wie soll ich Sie anderen vorstellen und unsere Beziehung beschreiben?
Nennen Sie die positiven Erlebnisse und die Schwierigkeiten des heutigen Tages/Ihrer Woche/des Monats.
- (In Bezug auf Positives) Welche Fähigkeiten, Kenntnisse oder Überzeugungen kamen Ihnen dabei zugute?
- (In Bezug auf Schwierigkeiten) Welche Rolle – wenn überhaupt – spielten Sie dabei? Ist dies Teil eines größeren Problems, das Sie zu bewältigen suchen?
Sind sie offen für Feedback meinerseits? In welcher Form sollte dies geschehen?
Was sollte ich dabei besser vermeiden?
Beschreiben Sie, wie Sie am liebsten lernen.
Ich würde sehr gern Ihre Geschichte hören.

Erzählen Sie mir von einigen Schlüsselerlebnissen in Ihrem Leben. Was macht _____ so wichtig?

Was können Sie nach der Meinung anderer am besten?

Auf welche Begabungen sind Sie am meisten stolz?

Was bringt Sie zum Lachen?

Erzählen Sie mir von persönlichen Leistungen, auf die Sie stolz sind.

Welches war die beste Arbeitssituation, die Sie je hatten?

Beschreiben Sie, wie ein idealer Tag für Sie aussehen würde.

Gibt es etwas in Ihrem Leben, das Ihrer Meinung nach anders sein sollte?

Wie, hoffen Sie, wird Ihr Leben in ein bis fünf Jahren aussehen?

Beschreiben Sie einige wichtige Beziehungen in Ihrem Leben und welchen Einfluss sie auf Sie hatten.

Nennen Sie zwei Menschen aus Ihrem Freundeskreis, denen Sie am meisten vertrauen, und schildern Sie, warum.

Wie würden Sie Ihr Leben gestalten und was würden Sie erreichen wollen, wenn Sie alle Möglichkeiten hätten und Geld keine Rolle spielte?

Erzählen Sie mir mehr.

Was bereitet Ihnen schlaflose Nächte?

Wie fühlten Sie sich, als Sie _____?

Wie würden Ihre Freunde oder Menschen, die Ihnen besonders nahe stehen, Sie beschreiben?

Wie würden Ihre Konkurrenten oder Kritiker Sie beschreiben?

Erzählen Sie mir von einem persönlichen Konflikt. Wie ging die Sache aus?

Welche Ihrer Reaktionen oder Handlungen erwiesen sich dabei als wirkungsvoll? Welche nicht?

Wie kamen Sie zu dem Entschluss, _____?

Darf ich Sie um Ihren Rat zu _____ fragen?

Wie finden Sie ein gutes Gleichgewicht zwischen Ihrer Arbeit und den übrigen Lebensbereichen?

Was würden Sie gern über sich und Ihren _____ Geburtstag hören? Was lieber nicht?

Fragen zur Förderung der Mentee

Was gefällt Ihnen am besten an der Rolle einer Mentee bzw. einer
Mentorin? Was am wenigsten?

Welches bestimmte Ziel wollen Sie sich setzen?

Woran machen Sie fest, dass Sie dieses Ziel erreicht haben?

Auf einer Skala von 1 bis 10, wie groß ist die Wahrscheinlichkeit,
dass Sie tun, was Sie sich vorgenommen haben?

Welches ist der erste Schritt?

Wann fangen Sie an?

Wann werden Sie damit fertig sein?

Wie kann ich in unserer Beziehung ein besserer Partner sein?

Was von dem, was ich bisher gesagt oder getan habe, war für Sie
hilfreich?

Was war nicht besonders hilfreich?

Ich habe festgestellt, dass Sie nicht _____. Hat das für Sie noch
Priorität?

Fragen für Konfliktsituationen

Wie hat alles angefangen? Können Sie etwas über die Hintergründe
Ihrer Geschichte (Ihrer Gefühle oder Ihres Verhaltens) erzählen?

Erzählen Sie mir, was als Nächstes geschah.

Was wird wahrscheinlich passieren, wenn Sie _____? Was würden Sie
lieber sehen?

Was haben Sie empfunden, als Sie _____?

Ich bin gespannt, von _____ zu hören.

Können Sie mir mehr darüber erzählen? Können Sie ein Beispiel geben?

Was wäre geschehen, wenn _____?

Wie denkt Ihre Familie darüber?

Wie sähe das Problem von einem anderen Blickwinkel betrachtet aus?

Gibt es Mittel und Wege, die Situation zu ändern?

Wie viel Kraft kostet Sie diese Situation?

Wie gehen Menschen, die für Sie ein Vorbild sind, mit ähnlichen Situationen um? Was, glauben Sie, hätten Ihre Mutter oder Ihr Vater getan?

Wo genau stehen Sie im Augenblick?

Erzählen Sie mir, was Sie mit _____ meinen.

Welche Alternativen sehen Sie? (Helfen Sie, einige Alternativen aufzuzeigen, ohne verurteilend zu wirken.)

Wodurch ist die Situation so festgefahren?

Was sollte Ihrer Meinung nach als Nächstes kommen?

Was ist Ihnen beim jetzigen Stand der Dinge am wichtigsten?

Erzählen Sie mir, was wir daraus lernen können.

Bei Lesen von _____ / Als Sie die Erfahrung von _____ machten, gingen Ihnen da bestimmte Gedanken durch den Kopf?

Beschreiben Sie, wie dies mit anderen Ereignissen zusammenhängt.

Handelt es sich hier um ein bestimmtes, immer wiederkehrendes Muster?

Anmerkungen

[1] Martin Sanders, The Power of Mentoring, Seite 15

[2] Janet O. Hagberg, *Real Power: Stages of Power in Organizations*, 3. Auflage, Sheffield Publishing Company, Salem, WI, 2003. Siehe auch www.janethagberg.com

[3] Janet O. Hagberg und Robert A. Guelich, *The Critical Journey*, Sheffield Publishing Company, Salem, WI, 2005

[4] Studie des *Augsburg College* aus dem Jahr 2000

[5] Hagberg, Seite 149

[6] www.janethagberg.com

[7] Entnommen aus: *Real Power: Stages of Power in Organizations*, 3. Auflage, Sheffield Publishing Company: Salem WI 2003, und *The Critical Journey* von Janet O. Hagberg und Robert A. Guelich, 2. Auflage, Sheffield Publishing Company: Salem, WI 2005.

[8] Zitat von Dr. Laura Cousino Klein, Mitverfasserin der UCLA-Studie über Frauen und Stress, USA

[9] Nach „Women's Ways of Mentoring" von Cheryl Dahle, Sept. 1998 http://www.fastcompany.com/magazine/17/womentoring.html

[10] Nach David H. Johnson. www.esermons.com, Sept 2003

[11] Harper's Bible Dictionary, Seite 408

[12] Unbekannte Quelle

[13] Roger Greenaway, Reviewing Skills Training. http://reviewing.co.uk

[14] David McKenna, *Power to Follow Grace to Lead*, Seite 173

[15] Laurie Beth Jones, *Jesus CEO,* Seiten 197-198

[16] Sandy Reynolds

[17] Adapted from The Mentoring Group, www.mentoringgroup.com

[18] The Mentoring Group, www.mentoringgroup.com

Die Autorin

MARILYN (Lynn) B. SMITH, verheiratet, drei erwachsene Kinder, hat einen theologischen Mastertitel und ist mit dem „Honours Teaching Certificate" der British Columbia University ausgezeichnet, ebenso mit einem „Teachers Training"-Titel ehrenhalber.

Nach Familienzeit und Universitätstätigkeit als Dozentin, „Dean of Students" und „Vice President of Student Development" am Tyndale College und Seminary in Toronto/Kanada ist sie in einem Alter, in dem andere sich zur Ruhe setzen, unterwegs in Kanada, Neuseeland und Europa, und zwar als Dozentin und Referentin, um Mitarbeiterinnen und Leiterinnen in Wirtschaft und in christlichen Werken und Gemeinden für ihre Aufgaben und Leitungsaufgaben fortzubilden.

Sie ist Mitgründerin und Leiterin von NextLEVEL Leadership international.

Im Brunnen Verlag Gießen von MARILYN (Lynn) B. SMITH bereits erschienen:

Ohne Unterschied?

Frauen und Männer
im Dienst für Gott

160 Seiten, Paperback,
ISBN 978-3-7655-1200-1

„Ich kann das. Aber darf ich das auch?" – Wenn Frauen ihre Gaben im Bereich der Lehre und Leitung als ihre Antwort auf den Ruf Gottes einbringen wollen, müssen sie wissen, ob dies mit dem Willen Gottes in Einklang steht.

Dies ist *das* Basisbuch zum Thema Gleichheit und Miteinander von Frauen und Männern im Dienst für Gott.

Es ist eine echte Herausforderung, manches neu zu überdenken – nicht nur die Frage nach Frauen in christlichen Leitungsämtern.

BRUNNEN VERLAG GIESSEN
www.brunnen-verlag.de

Ulla Schaible

Ehrlich, echt und endlich ich

Leben im Einklang mit mir selbst

128 Seiten, kartoniert,
ISBN 978-3-7655-3871-1

„Wenn ich könnte, wie ich wollte ..." - wie würden Sie diesen Satz fortsetzen? Wie immer die Antwort aussieht, sie beschreibt ein Stück Ihres Lebenstraumes. Sie beschreibt etwas davon, was das eigene Leben ausmacht und was ihm zu Ausstrahlung und Erfüllung verhelfen kann. Denn wer wünscht sich das nicht: Lebensumstände, die es ermöglichen, die eigenen Träume zu verwirklichen? Die das Beste im Leben zum Vorschein bringen und es herausheben aus der Belanglosigkeit, die den Alltag oft prägt? Aber wie entdeckt man seinen ureigenen Lebenstraum? Was hindert einen daran zu verwirklichen, wovon man träumt? Ulla Schaible zeigt in diesem Buch Schritte zu einem authentischen Leben, zu einem Leben im Einklang mit sich selbst.

BRUNNEN VERLAG GIESSEN
www.brunnen-verlag.de

Sheila Walsh

Hinter dem Lächeln die Tränen

Eine wahre Geschichte

320 Seiten, kartoniert,
ISBN 978-3-7655-3852-0

Jahrelang wirkte sie als „christliche Strahlefrau", privat und in der Öffent-
lichkeit. Was kaum einer sah, waren die Tränen hinter dem Lächeln, die
Unsicherheit der selbstbewusst wirkenden Frau.

Sheila Walsh ging es wie vielen anderen: Das Leben hatte ihr Wunden
geschlagen, vor allem enttäuschtes Vertrauen und Verletzungen in der
Kindheit.

Nach und nach erkennt sie: Ihre Selbstzweifel, Komplexe und manchmal
unverständlichen Abwehrreaktionen sind die Folge davon. Auch ihre Ein-
samkeitsgefühle, die Leere und Depressionen.

Heute ist ihr verletztes Herz heil geworden. Und Sheila eine beherzte,
entspannte Frau.

BRUNNEN VERLAG GIESSEN
www.brunnen-verlag.de